刘坤一

家宅后花园植物

U0302338

肖将兵　著
陈银莎

哈尔滨出版社
H.P.H
HARBIN PUBLISHING HOUSE

图书在版编目（CIP）数据

刘坤一家宅后花园植物 / 肖将兵，陈银莎著．
哈尔滨 ： 哈尔滨出版社，2024. 6. -- ISBN 978-7-5484-7999-4

Ⅰ．Q94-49

中国国家版本馆CIP数据核字第2024T6T705号

书　　名：刘坤一家宅后花园植物
LIU KUNYI JIAZHAI HOUHUAYUAN ZHIWU

作　　者：肖将兵　陈银莎　著
责任编辑：韩金华
封面设计：树上微出版

出版发行：哈尔滨出版社（Harbin Publishing House）
社　　址：哈尔滨市香坊区泰山路 82-9 号　　邮编：150090
经　　销：全国新华书店
印　　刷：武汉市卓源印务有限公司
网　　址：www. hrbcbs. com
E-mail：hrbcbs@yeah. net
编辑版权热线：（0451）87900271　87900272

开　　本：880mm×1230mm　　1/32　　印张：4.75　　字数：103 千字
版　　次：2024 年 6 月第 1 版
印　　次：2024 年 6 月第 1 次印刷
书　　号：ISBN 978-7-5484-7999-4
定　　价：68.00 元

凡购本社图书发现印装错误，请与本社印制部联系调换。
服务热线：（0451）87900279

自 序
香樟树的魂儿

"坤一花园"携带着历史风尘向人世间款款而来，与扶夷水一道潺潺相呼应，由此沾染了百年文化气息的宝庆新宁人，显得有点飘飘然了。

进园（学校）大门直行，枝繁叶茂的香樟树左三右九，遮天蔽日相拥而至。这是一种净化心灵的礼仪：静静地站立，充满对其生命力的敬重；闭上眼睛，用心感受其散发出的宁静与力量。

拾起一片香樟树叶，或红，或绿，你一旦小心翼翼地将它夹贴在日记本上，写下心中的秘密，收获的就会是满满的青春回忆；你也就可以轻轻地将它揉碎，在拇指、食指尖的夹持下，将它送近鼻唇间，一定是柔柔的、通窍的味儿。

一种疑问忽然而至：香樟树有灵魂吗？我是相信的。我与朋友一起拜访过我县的一位唱木偶戏的老艺人，他用樟木雕刻木偶，包括涂画等细活，只要一顿饭的工夫，而且木偶表演时眼珠竟然能动；我们新宁县宛家岔的"红军树"，就是一株硕大而古老的香樟树，红布缠身，经常能看到香烟缭绕。

敬仰是需要付诸行动的！如果你选择竭力将子女送入新宁县第一中学（现为金城学校）就读，可以说是一个极为明智的选择，因为学校就处于香樟树林中！

香樟树的根粗大突兀在水泥地面，容不得半点儿含糊。

1

教学南楼与21株香樟树一起形成一个"口"字。这就预示着我们的青年学子们目标是多么明确：不管三七二十一，先把书读好再说！

香樟树是有果实的，青绿色的浆果熟透了呈墨黑色，掉了满地，一脚踩上去啪啪作响，好有趣味。香樟树是有果实的，做学问是有收获的。学子们在这里读书，如饥似渴！学友们捐赠的金属雕塑镶嵌其中，预示着我们的孩子未来如日中天！

休闲，绝对有了好去处，因为有了香樟树的存在。在每一株香樟树下，除了躺着不雅观，或坐或站都怡然自得，人们三五成群有说不完的话；一个人独处可解尽所有的烦恼和忧愁。

运动、表演，有了香樟树林的赏赐，你便如鱼得水。塑胶球场、跑道，露天戏台，风雨田径场，与左右两大排香樟树相得益彰。孩子们进校园学习前需先参加军事演习训练，停靠于香樟树下便恢复了体力；球场上一手持球，一手攀附香樟树粗粝的茎干，姿势多么洒脱；弹着吉他，踏着舞步，稚嫩的歌声和着香樟林的风吹过，笑声多么欢快！

荷花池与北楼的角落处，前往图书馆、科教馆必经之处，停下你的脚步，一株极度倾斜的百年古樟绝对吸睛！百年古樟倾听鸟、蛙之声，这乃是园内奇景"五树合一"。学而思者悟，悟的最高境界在此找到了前提条件 —— 学而思，自此做学问便有了新内涵：做一个善于倾听的人，善于吸纳的人，那真就是"成人之美"！

我只想说，倾听教育者，化解目前教育之危机；倾听受教育者，提供传统文化资源之最优；倾听教育之现状，成就新宁教育之盛况！

不用说古樟，只要是稍大一点儿的树，就不缺某些生物的附寄：腐枝上有木耳，茎干上有苔藓，粗枝上有骨碎补……成大事者必有大付出！新宁传统文化之厚重，有所有新宁人的大爱！

回到戏台右侧，一株庞然大香樟树欣欣然的样子！或许你忽略过它的存在，然而翻阅你收藏的毕业合影、同学留影，可否有它的存在？你就会坚信它的大爱不容小觑！

我不得不敬佩起刘坤一家宅后花园香樟树的魂儿来了！

我谨以此文为自序。

肖将兵

2023 年 12 月 8 日

本书系湖南省教育信息技术重点研究课题"'互联网＋条件下'心理健康教育创新实践研究"（HNETR22018）的研究成果。

1953年在刘坤一家宅后花园创建学校，此花园为湖南省新宁县第一中学校址，2023年易为新宁县金城学校校址。

目 录
Contents

1

香　樟

Cinnamomum camphora (L.)
Presl.

樟科　樟属

别名：樟、瑶人柴

二级保护植物　新宁县名贵古
老树木

· 简　介 ·

　　樟存活期长，可以生长为成百上千年的参天古木，有很强的吸烟滞尘、涵养水源、固土防沙和美化环境的能力。全株入药，樟树皮及樟木祛风湿、行气血、利关节，可治心腹胀痛、脚气、痛风、疥癣、跌打损伤。香樟树籽含有癸酸，含量高达 40% 以上，属中短碳链脂肪酸，有特殊的生理和营养作用。

刘坤一家宅后花园植物——香樟

分布：共计 70 株，其中 20 株是新宁县名贵古老树木

篮球场南侧看台的古樟，枝叶触手可及，学校师生合影留念之背景树

荷花池旁斜生古樟——荷池四盛（香樟、乌桕、梧桐、女贞，又称香乌同贞）之一，乃是师生感悟人生之神往之所

趣说花草：

1. 崀山农户人家多长寿，少得疑难杂症，喜欢在宅院、村坪广植樟树，劳作之余在巨大如伞的树冠下纳凉。

2. 成才之樟木用于刻制神龛，雕制佛像，人们净手焚香膜拜。

3. 樟木香味经久，耐虫蛀，更有女儿出嫁，打制两口樟木箱，缠上大红丝绸，寓意"两厢厮守，夫妻恩爱不为小人害也"。

4. 苏东坡的书法就像是香樟树，圆润连绵、俊秀飘逸，却又中规中矩。如果是长满香樟树的一面山坡，那简直就像是苏东坡的绝世碑帖了。因此，学美术的人喜欢用香樟树做写生对象。

5. 瑶医遇有高热感冒、小儿麻疹者，取香樟果1至2枚研成末，开水送服。

格物致知：

1. 我们像香樟树一样，纯真的友谊地久天长。我是你身旁的香樟树，我想和你在一起，永远守护你，因为我知道你就是我的唯一，谁也不可能替代你。

2. 樟树木材多纹路，大有文章可做。

3. 我是香樟树上栖息的小鸟，我在香樟树枝梢上为你祈福。

齿叶冬青

Ilex crenata Thunb.

冬青科　冬青属

别名：波缘冬青、钝齿冬青

简　介

　　齿叶冬青是多枝常绿灌木，生于海拔 700 ～ 2 100 m 的丘陵、山地杂木林或灌木丛中。在我国山东以南各省区，常栽培用作庭园观赏树种，欧美各地亦有栽培。常见栽培观赏，或作为盆景材料。栽培变种龟甲冬青（*Ilex crenata* cv. Convexa Makino，别名豆瓣冬青），矮灌木，枝叶密生，叶面凸起，是很好的盆景材料。

刘坤一家宅后花园植物——齿叶冬青

分布：1 株齿叶冬青守护在医务室的花坛中

诗词鉴赏：

> 碧树如烟覆晚波，
>
> 清秋欲尽客重过。
>
> 故园亦有如烟树，
>
> 鸿雁不来风雨多。

——赵嘏《宛陵馆冬青树》

它虽显孤独，但不曾寂寞；我虽有困扰，但当然不应放弃。它坚守翠绿，但没忘被覆风霜；我立志未来，但永记砥砺意志。

趣说花草：

齿叶冬青，这是一种美得让人窒息的植物。那洁白如雪的小花簇簇拥拥，散发着淡雅的芬芳，宛如天上的繁星坠落凡间。

即使在寒冬，它依然翠绿欲滴，为萧瑟的季节增添了一抹生机与希望。

其美丽不仅仅在于外表的娇艳，更在于它所蕴含的那份宁静与坚韧。它默默生长在山林之间，不争不抢，却用自己独特的魅力征服了每一个邂逅它的人。

格物致知：

靓丽的身姿，令凄凉的原野顿显勃勃生机；

顽强的生命是一年四季的激励，为开拓者书写一首不屈不挠的诗。

刺　柏

Juniperus formosana Hayata

柏科　刺柏属

别名：杉柏、台湾刺柏、璎珞
柏、垂柏、树短柏木、山杉、
台松

• 简　介 •

　　刺柏，喜光，耐寒，耐旱，主、侧根均甚发达，在
干旱沙地、向阳山坡以及岩石缝隙处均可生长，作为石
园点缀树种最佳。常被用作园林绿化树种，广泛用于高
速公路绿化。常绿乔木，幼树的叶子像针，大树的叶子
像鳞片，雌雄异株，雄花鲜黄色，果实球形，种子三菱形。

刘坤一家宅后花园植物——刺柏

分布： 1 株刺柏挺立在商店旁的花坛中

诗词鉴赏：

> 绿叶迎春绿，寒枝历岁寒。
>
> 愿持柏叶寿，长奉万年欢。
>
> ——武平一《奉和正旦赐宰臣柏叶应制》

趣说花草：

1. 刺柏是正气、高尚、长寿、不朽的象征。

2. 具有良好的净化空气、改善城市小气候和降低噪声等多种性能，是城乡绿化和新农村建设首选的树种之一。

3. 清热解毒；燥湿止痒。主治麻疹高热、湿疹、癣疮。

格物致知：

你有着婆娑的身姿，散发出特殊的香味，忘却痛苦，洗涤灵魂。刺柏，我的生活自此之后永远不能没有您。

你是长寿的老者，深植了永恒和不朽的基因。

你是坚韧不拔的强者，颂扬了生命的不屈不挠。

你是神秘的智者，探索和理解更深层次的生命。

鹅掌楸

Liriodendron chinense
(Hemsl.) Sarg.
木兰科 鹅掌楸属
别名：马褂木
中国特有的珍稀植物 国家二
级保护植物

简　介

　　叶形如马褂——叶片的顶部平截，犹如马褂的下摆；叶片的两侧平滑或略微弯曲，好像马褂的两腰；叶片的两侧端向外突出，仿佛是马褂中伸出的两只袖子。花单生枝顶，基部有黄色条纹，形似郁金香，英文名称是"Chinese tulip tree"，即"中国的郁金香树"。

刘坤一家宅后花园植物——鹅掌楸

分布：1 株鹅掌楸矗立在南楼左花坛中

诗词鉴赏：

渡水复渡水，看花还看花。

春风江上路，不觉到君家。

——高启《寻胡隐君》

趣说花草：

1. 叶形奇特，古雅似马褂；花大而美丽，黄色花朵形似杯状的郁金香，为世界上珍贵的树种之一。

2. 鹅掌楸叶和树皮可入药，味辛、性温。有祛风除湿、散寒止咳的作用。

3. 城市中极佳的行道树，对有害气体的抗性较强。杂交鹅掌楸生长更迅速，耐寒性强，在抗寒、抗病虫害等方面优于鹅掌楸，是难得的赏花乔木，曾作为 2008 年北京奥运会的指定树种。

格物致知：

鹅掌楸，你一片片奇特古雅的马褂叶，在春风中宛若少女引吭高歌，在夏风中宛若丰腴少妇低吟浅唱，在秋风中宛若金婚夫妇重温浪漫。

鹅掌楸，每一次见到你，我内心就异常平静，智慧就开始提升。

榧

Torreya grandis Fortune ex Lindl.

红豆杉科　榧属

别名：香榧

俗称：妃子树

简　介

　　榧为红豆杉科榧属下的一个种，常绿针叶乔木，高达25 m，胸径2 m。树干挺直，大枝开展，树冠广卵形。树皮灰褐色，浅纵裂；雌雄异株，罕同株，花期为4月；种子椭圆形或长卵圆形，外表面黄棕色至深棕色，微具纵棱，一端钝圆，具一椭圆形种脐，色稍淡，较平滑，另端略尖。种皮坚而脆，破开后可见种仁一枚，卵圆形，外胚乳膜质，灰褐色，极皱缩，内胚乳肥大，黄白色，质坚实，富油性。气微，味微甜带涩。炒熟后具香气。

刘坤一家宅后花园植物——榧

分布：1株榧挺立在南楼左花坛中

诗词鉴赏：

> 山村最喜是金秋，
> 稻熟榧香蔬满丘。
> 致富当知勤作径，
> 一双巧手晒丰收。

叶忠茂

趣说花草：

香榧是千年的传奇。它从侏罗纪走来，经历岁月的沉淀，集自然造化、人类智慧和历史文化于一身，见证了世代百家演变，传承着健康、团圆与和谐之道。近年来，一批执着于香榧研究的林学专家扎根基层、攻坚克难，积极开展香榧产业技术研究与推广，使千年香榧焕发出勃勃生机，成了数万山区农民致富的"摇钱树"。

格物致知：

千年香榧，世纪轮回。食用珍品，致富精品，养它十年，还你千年。

香榧呀，你从出生到成熟，历经四季轮回，你是坚韧与希望的化身。

海　桐

Pittosporum tobira

海桐科　海桐花属

· 简　介 ·

　　海桐是双子叶植物纲、海桐科、海桐花属常绿灌木或小乔木，高达 6 m，嫩枝被褐色柔毛，有皮孔。叶聚生于枝顶，2 年生，革质；伞形花序或伞房状伞形花序顶生或近顶生，花白色，有芳香，后变黄色；蒴果圆球形，有棱或呈三角形，直径 12 mm ；花期为 3～5 月，果熟期为 9～10 月。

刘坤一家宅后花园植物——海桐

分布：13株海桐挺立在商店旁的花坛中

诗词鉴赏：

> 海桐花发最高枝，碧宇霏微芳树迟。
> 汾水止应多寂寞，蓝田却记最葳蕤。
> 城荒弧角晴无事，天外挽枪落亦知。
> 总有家园归未得，嵩阳剑器莫平夷。

—— 柳是《初夏感怀》

植物养护：

海桐对环境的适应性很强，喜欢阳光，但在阴凉处也能生长。不怕冷，也不怕热，很好养。

植物价值：

海桐具有药用价值，根、叶、种子均可入药，能起到祛风活络、散瘀止痛的效果。海桐四季常青，是园林建设中必不可少的植物。

趣说花草：

海桐有着"七里香"的美名，它的香味需要你用心去留意，凑近了，然后深深地吸一口气，会闻到清爽中带有一丝甜味。你从它近旁走过，带走一丝丝香气。

格物致知：

初夏一丝海桐香，深冬仍觉心荡漾。

每每在难过悲痛时，我走到海桐的身旁，于是便能找到生命的持续与希望的不灭。

黑壳楠

Lindera megaphylla Hemsl.

樟科 山胡椒属

· 简 介 ·

　　黑壳楠是樟科山胡椒属植物，常绿乔木，树皮灰黑色。枝条紫黑色，圆柱形，粗壮，无毛，顶芽大，卵形，叶互生，倒披针形至倒卵状长圆形，有时长卵形，上面深绿色，有光泽，羽状脉，伞形花序，多花，雄花黄绿色，花被片椭圆形，花丝被疏柔毛，子房卵形，花柱极纤细，果椭圆形至卵形，果梗粗糙，花期为 2 ～ 4 月，果期为 9 ～ 12 月。

刘坤一家宅后花园植物——黑壳楠

分布：1株黑壳楠挺立在南楼左花坛中

植物养护：

黑壳楠生长在海拔 800 ～ 1 200 m 湿润沟谷、阴或半阴处，喜爱阳光，耐阴耐寒；对土壤要求不高，怕水涝；萌芽力强，生长迅速。

植物价值：

黑壳楠经济价值高，种仁含油近 50%，油为不干性油，为制皂原料；果皮、叶含芳香油，油可用作调香原料；木材黄褐色，纹理直，结构细，可作为装饰薄木、家具及建筑用材。

植物文化：

黑壳楠生长健壮，寿命长，寓意福泽、长寿，并经常与祭祀活动联系在一起。例如，河南省西峡县回龙寺前发现一株千年的黑壳楠，此树作为该寺的护寺树一直守护在回龙寺寺前。在淅川县毛堂乡老坟岗村，有一株 400 多年的黑壳楠，树高 18 m，树冠长约 28 m，胸径 95 m，祈求村庄平安的祭祀活动都在该树下进行。

格物致知：

黑壳楠，你简单，却集简洁、清美、绚丽、深沉于一身。你静静在那边站着，如山般沉稳，好似一位祈福的长者，守护着学校的师生。

榉 树

Zelkova serrata (Thunb.) Makino
榆科　榉属
别名：椐木或椇木
国家二级重点保护植物

· 简 介 ·

　　榉树，产于中国南方，北方称此木为南榆。榉树被称为"没落的贵族"，一是由于榉树本身具有"贵族"木材的气质；二是由于榉树之后，以黄花梨为代表的红木家具开始占据高端市场。榉树中的上品"血榉"，拥有与黄花梨相似的赤黄色，无论是观赏性还是实用性，都丝毫不弱。另外，榉树拥有特殊的、如同重叠波浪尖的宝塔纹。当榉树的纹路足够优美时，甚至可以比拟纹理颇具戏剧性的鸡翅木。虽然榉树并未荣登硬木之列，但其硬度比一般的木材都要高，木质相对较硬，这也是榉树"贵气"的一个表现。

刘坤一家宅后花园植物——榉树

分布： 1 株榉树挺立在南楼右花坛中

诗词鉴赏：

> 深居俯夹城，春去夏犹清。
> 天意怜幽草，人间重晚晴。
> 并添高阁迥，微注小窗明。
> 越鸟巢干后，归飞体更轻。

——李商隐《晚晴》

植物文化：

榉树在中国分布广泛，因为它生长较慢、材质优良，并且耐烟尘，是很珍贵的硬叶阔叶树种，所以被列为国家二级重点保护植物。榉树的枝叶散布得很宽，在许多地方也叫作大榉。

植物养护：

榉树喜欢温暖的环境，对土壤的适应性强，抗风力强，但又很怕积水，不耐干旱。

植物价值：

榉树树姿雄伟，美丽的榉树叶观赏性很强，还有安胎的药用价值。

趣说花草：

相传以前有个秀才，屡试屡挫，妻子害怕他沉沦，和他打赌，在家门口种了榉树，后来秀才果然中举了。

格物致知：

榉树牵扯出一条生活与自然的纽带，衍生的每一件产品来源于自然，给人启示：原来人生也可以雕塑！

乐东拟单性木兰

Parakmeria lotungensis（Chun
et C. H. Tsoong）Y. W. Law

木兰科 拟单性木兰属

·简介·

　　乐东拟单性木兰是木兰科拟单性木兰属常绿乔木，为我国特有珍稀濒危植物，被列入《中国植物红皮书——稀有濒危植物》。高可达30 m，胸径30 cm，树皮灰白色。叶革质，叶片上面深绿色，有光泽。干时两面明显凸起，花杂性，雄花、两性花异株；聚合果椭圆形，种子皮红色，4～5月开花，8～9月结果。

刘坤一家宅后花园植物——乐东拟单性木兰

分布： 2 株乐东拟单性木兰挺立在南楼左花坛中

诗词鉴赏：

> 紫房日照胭脂拆，素艳风吹腻粉开。
>
> 怪得独饶脂粉态，木兰曾作女郎来。

——白居易《戏题木兰花》

植物价值：

乐东拟单性木兰树干通直圆满，树形优美，花芳香，是园林绿化树种。木材坚重、纹理细致均匀，轻而软，切面光滑，适于用作家具、车厢、门窗、墙壁板、室内装修及镜框、相架等，又可用作车旋玩具、装饰品与雕刻等，也适于做包装材料，是优良速生珍贵用材树种。

格物致知：

你的优美伴着珍稀，你的坚强伴着濒危，让我深感不安！我做错了什么？我或许伤害了你？你就这样消失吗？我又如何才能把你挽留？

俞 藤

Yua thomsoni (Laws.)

C. L. Li

葡萄科 俞藤属

· 简 介 ·

　　俞藤，别名粉叶爬山虎，为葡萄科俞藤属多年生落叶木质藤本植物，其根、茎可入药，具有化瘀血、消肿毒、清凉利尿的功效，成熟果实为紫黑色球形浆果。

　　小枝圆柱形，褐色，嫩枝略有棱纹，无毛；叶为掌状，5 小叶，上面绿色，无毛，下面淡绿色，常被白色粉霜，无毛或脉上被稀疏短柔毛。花与叶对生，无毛；萼碟形，无毛；花瓣 5 片，无毛。果实近球形，紫黑色，味淡甜。种子梨形。花期为 5～6 月，果期为 7～9 月。

刘坤一家宅后花园植物——俞藤

分布：俞藤攀爬在学校北楼左花坛的长廊顶，还生长在科教馆的旋转楼梯上

诗词鉴赏：

> 好是春风湖上亭，柳条藤蔓系离情。
> 黄莺久住浑相识，欲别频啼四五声。

——戎昱《移家别湖上亭》

植物价值：

俞藤其根、茎可入药，具有化瘀血、消肿毒、清凉利尿的功效。《贵州药用植物目录》记载其根可清热解毒，祛风除

湿；治无名肿毒、风湿劳伤、关节疼痛。

格物致知：

人生或许有太多不如意，你我都无法逃脱伤痛的魔咒，然而俞藤除了带给你一丝清凉，还能使你从人生的痛苦中解脱。

八角金盘

Fatsia japonica （*Thunb.*）
Decne. et Planch
五加科 八角金盘属
别名：八金盘、八手、手树、
金刚纂

简 介

八角金盘因其掌状的叶片，裂叶约8片，看似有8个角而得名。它叶丛四季油光青翠，叶片像一只只绿色的手掌。性耐阴，在园林中常种植于假山边上或大树旁边，还能作为观叶植物用于室内、厅堂及会场。

刘坤一家宅后花园植物——八角金盘

分布： 八角金盘主要分布在学校南、北楼前的花坛中

诗词鉴赏：

> 八角金盘如指掌，枝枝叶叶密麻麻。
> 伸开手臂忧天裂，欲接星辰护嫩芽。

——张同军

植物养护：

八角金盘为亚热带树种，喜阴湿温暖的气候。不耐干旱，不耐严寒。宁沪一带宜选小气候良好处种植，以排水良好而肥沃的微酸性土壤为宜，中性土壤小能适应。萌蘖力尚强。

植物价值：

1. 功能主治

化痰止咳，散风除湿，化瘀止痛。主治咳嗽痰多、风湿

痹痛、痛风、跌打损伤。

2. 观赏价值

八角金盘四季常青，叶片硕大，叶形优美，浓绿光亮，是深受欢迎的室内观叶植物。适应室内弱光环境，为宾馆、饭店、写字楼和家庭美化常用的植物，或用作室内花坛的衬底。

3. 生态价值

吸收有害气体，绿化室内环境。

格物致知：

一只只魔幻般的绿色手，不但能散去风湿，还能清除毒气，再悄悄地托起希望！

白玉兰

Magnolia denudata Desr.

别名：木兰、玉兰花、报春花、望春、应春花、玉堂春、辛夷花

· 简 介 ·

　　白玉兰，园林观赏植物，原产于中国中部各省，现北京及黄河流域以南均有栽培。古时多在亭、台、楼、阁前栽植。现多见于园林，厂矿中孤植、散植，或于道路两侧用作行道树。北方也用作桩景盆栽。白玉兰另有药用价值。材质优良，纹理直，结构细，可供家具、图板、细木工等用；花蕾入药，与"辛夷"功效同；花含芳香油，可提取配制香精或制浸膏；花被片食用或用以熏茶；种子榨油供工业用。早春白花满树，艳丽芳香，为驰名中外的庭院观赏树种。

刘坤一家宅后花园植物——白玉兰

分布：白玉兰分布在北楼左侧花坛边

诗词鉴赏：

> 霓裳片片晚妆新，束素亭亭玉殿春。
> 已向丹霞生浅晕，故将清露作芳尘。
>
> ——睦石《玉兰》

趣说花草：

在一处深山里住着三个姐妹：红玉兰、白玉兰、黄玉兰。秦始皇赶山填海，杀死了龙虾公主，从此龙王爷不让张家界的人吃盐，导致瘟疫泛滥。三个姐妹用自己酿制的花香迷倒了蟹将军，凿穿盐仓，张家界的人得救了，三姐妹却被龙变作了花树。故事很唯美，反映了人们对美好事物的追求和向往。

格物致知：

白玉兰，你是美丽的化身，你护佑这里的一切，难怪学校人杰地灵！

白玉兰，你是春日的信使，早春的绽放，有了你，便有了一场视觉盛宴，便有了生命的颂歌。

枫　树

Acer Palmatum Thunb.

无患子科　槭属

别名：槭树

· 简 介 ·

　　枫树为高大乔木，随着树龄增长，树冠逐渐敞开，呈圆形。枫叶色泽绚烂，形态别致优美，可制作书签、标本等。在秋天则变成火红色，落在地上后变成深红。枫树是槭树的俗称。中国是世界上槭树种类最多的国家，是世界槭树的现代分布中心。

刘坤一家宅后花园植物——枫树

分布：1 株枫树栽植在北楼左花坛

植物价值：

枫树叶加工成的枫树糖浆是加拿大的特产，其风味独特、富含矿物质，深受人们喜欢。枫树叶可祛风除湿，行气止痛，主治肠炎、痢疾、胃痛；外用可治毒蜂螫伤、皮肤湿疹。

枫树果入药以后也叫路路通，它既能通经活血，也能通利小便，平时可以用于治疗身体水肿与浮肿，还可用于月经不调等多种常见病的治疗，降血脂是枫树果药用价值的最好体现。

枫树的观赏性很强，枫树成片形成枫林，深秋时景色极美。中国最著名的赏枫胜地有 4 处，并称中国四大赏枫胜地，它们是北京香山、苏州天平山、南京栖霞山、长沙岳麓山。

格物致知：

我是一个在枫叶落下时接住枫叶的人，于是我许下心愿：希望得到幸运！我曾摘下一片枫叶，捡起一片枫叶，坚毅的面容因为偷喝了"天酒"和你一样发红。

红翅槭

Acer fabri Hance

无患子科　槭属

别名：罗浮槭

简　介

　　红翅槭是无患子科槭属常绿乔木。高可达 10 m。翅果嫩时为紫色，成熟时为黄褐色或红褐色，小坚果凸起，3～4月开花，9月结果。

　　因广东罗浮山广泛分布红翅槭，故红翅槭又名罗浮槭。罗浮槭在幼苗及幼树期耐阴性较强，喜温暖湿润及半阴环境，在林内与其他树种混生，构成第二层林。适应性较强，喜深厚疏松肥沃土壤，酸性或微碱性土壤皆可生长，在较干燥和土壤较瘠薄的条件下造林也能生长。

刘坤一家宅后花园植物——红翅槭

分布： 4 株红翅槭栽植在北楼右花坛

植物价值：

1. 红翅槭树冠紧密，姿态婆娑，枝繁叶茂，春天嫩叶为鲜红色，老叶终年翠绿，夏天红色翅果缀满枝头，如万千红蝶游戏树丛，美丽迷人，是优美的庭园观赏、绿化、风景树种。近年来，红翅槭的育苗试验对于城市园林建设及景观树种结构调整具有重要意义。

2. 红翅槭的果实可清热解毒。主治单、双喉蛾，以及用嗓过度引起的声音嘶哑、肝炎、肺结核、胸膜炎、跌打损伤。

格物致知：

> 青葱四季罗浮槭，扶醉五洲摄影家。
> 丽日和融奇珮叶，清风茬苒妙星花。
> 琼枝淡抹鱼吞浪，翅果浓妆蝶吮霞。
> 万里河山添锦绣，丹心一片绘芳华。

　　红翅槭的红叶，从春天的嫩绿到秋天的红艳，再到冬天的沉寂，我感知了生命的循环。你是生命、变化与希望的诗章。

毛 竹

Phyllostachys edulis (Carrière)
J. Houz

禾本科　刚竹属

别名：楠竹、茅竹、南竹、江
南竹、猫竹、猫头竹、唐竹、
孟宗竹

· 简 介 ·

　　毛竹是中国栽培悠久、面积最广、经济价值最大的
竹种。竿形粗大，宜供建筑用，篾性优良，可供编织各
种粗细的用具及工艺品，枝梢可做扫帚，嫩竹，竿箨可
做造纸原料。笋味美，可鲜食，或加工制成玉兰片、笋
干、笋衣等。毛竹叶翠，四季常青，秀丽挺拔，经霜不
凋，雅俗共赏。自古以来常置于庭园曲径、池畔、溪涧、
山坡、天井、景门等处，以及用于室内盆栽观赏。常与
松、梅共植，被誉为"岁寒三友"。

刘坤一家宅后花园植物——毛竹

分布：多株毛竹栽植在北楼右花坛

诗词鉴赏：

> 咬定青山不放松，立根原在破岩中。
>
> 千磨万击还坚劲，任尔东西南北风。
>
> ——郑燮《竹石》

植物价值：

1. 竹笋是大众喜爱的一种食材，是高蛋白、低脂肪、低淀粉的纯天然食品，富含钙、磷、铁等多种营养成分，可促进肠的蠕动，帮助消化，防止便秘，具有防癌、减肥、美容、益气、利尿、化痰等功效。

2. 竹可加工为竹刻、竹雕和竹编工艺品。

3. 竹可用于建筑、装饰、家具、包装，以及火车、汽车、轮船的装修。

4. 竹有着良好的扩音、共振和传声性，音色优美，悦耳动人。

5. 竹外形典雅，气质刚劲，一节一节向空中蓬勃拓展，播撒翠绿一片。

格物致知：

1. 竹，淡泊宁静，劲拔有节，凌云挺然，经霜不凋。竹，"未出土时先有节，便凌云去也无心"，令人回味，令人遐思。

2. 竹就是一首韵味无穷的诗，历代文人对竹情有独钟，把竹与松、梅一起誉为"岁寒三友"；还把竹与梅、兰、菊一起赞为"花中四君子"。

3. 古代文人有"怒写竹，喜画兰"之说，高歌"竹可焚而不可毁其节"。可见竹之风格、竹之神韵是多么为人们所敬仰。

4. 竹，让文人豪情顿生："我有胸中十万竿，一时飞作淋漓墨。为凤为龙上九天，染遍云霞看新绿。"他们以竹为题材创作了难以计数的诗和画，留下了大量的趣闻轶事。

南天竺

Nandina domestica Thunb.

别名：南天竹、玉珊珊、野
猫伞

简 介

　　南天竺为小檗科南天竹属常绿小灌木。茎常丛生而
少分枝，高 1～3 m，光滑无毛，幼枝常为红色，老后
呈灰色。生于山地林下沟旁、路边或灌丛中。根、叶具
有强筋活络、消炎解毒之效，果为镇咳药，但过量有中
毒之虞。各地庭院常有栽培，为优良的观赏植物。

刘坤一家宅后花园植物——南天竺

分布：多株南天竺栽植在南楼大门、钟楼等区域

植物价值：

南天竺在改善生态环境方面起着非常重要的作用。尤其能适应弱碱性的石灰岩土质，为生态环境恶劣的石灰岩地区的生态平衡做出很大的贡献。

1. 南天竺枝干挺拔如竹，羽叶开展而秀美，秋冬时节转为红色，异常绚丽，穗状果序上红果累累，且经久不落，鲜艳夺目，为园林绿化中观叶观果的优良树种。

2. 南天竺含多种生物碱，其根、梗、叶、果实均可药用。根、茎、叶味苦、性寒，有祛风、清热、除湿、化痰、镇咳止咳等功能，主治感冒发热、肺热咳嗽、湿热黄疸等症。还可外敷，治疗烫伤、烧伤等症。

3. 南天竺叶含鞣质，鞣质成分在医药领域被认为有收敛及蛋白质凝固作用，临床上用于各种止血、止泻及抗菌、抗病毒。还具有抗突变、抗脂质过氧化、清除自由基、抗肿瘤与抗艾滋病等多种药理活性，尤其在抗肿瘤治疗中显示出诱人的前景。

格物致知：

1. 南天竺的寓意是吉祥、好运、好兆头、日渐浓烈的爱情。

2. 拜访老人或给老人祝寿时，把南天竺送给老人，代表着对老人一生平安、健康长寿的祝愿。

3. 将南天竺的果枝与盛开的蜡梅、松枝一起插在花瓶中，代表松、竹、梅"岁寒三友"，可以送给挚友或摆放在家中，象征贞洁的本质。

深山含笑

Michelia maudiae Dunn.

木兰科　含笑属

别名：光叶白兰花、莫夫人含
笑花

· 简　介 ·

　　深山含笑，木兰科含笑属，常绿乔木。我国特有物
种，生长快，材质好，适应强，冬季不凋，早春白花满
树，花大，有清香，种子为红色，斜卵圆形。树形美观，
有较高的观赏和经济价值。主要分布在浙江、福建、湖
南、广东、广西、贵州等地。

刘坤一家宅后花园植物——深山含笑

分布：1株深山含笑种植在北楼右花坛

植物价值：

木材纹理直，木质好，是一种速生常绿阔叶用材树种。可提取芳香油。花味辛，性温。有散风寒、通鼻窍、行气止痛的作用。根可清热解毒，行气化浊，止咳。

趣说花草：

宋朝临安府有一对夫妻，后来元军入侵，二人分别之际约定每月的十五日到集市上卖碎镜片。五年以后，二人终于得以团聚。最后同为八十八岁的夫妻在同一时辰离世，合葬的墓上长出了一株树，花开洁白，形似含笑，伴有芳香。据传这就是深山含笑。

格物致知：

1. 早春时节，万物还沉浸在冬日舒缓的休眠状态时，深山含笑已经早早地含苞待放，沐浴着春阳，呢喃细语。

2. 深山含笑的花语为矜持、含蓄、美丽、庄重、高洁。

3. 深山含笑开放之时，犹如面白唇红美人一般，眉目间含着笑意。因此，深山含笑在很大程度上代表了含蓄、矜持的性格。

4. 由于深山含笑洁白无瑕，似巾帼般不让须眉，因此，它又被人们赋予美丽、高洁的品质、形象。

水 杉

Metasequoia glyptostroboides
Hu et W. C. Cheng
柏科 水杉属
别名：梳子杉
世界上珍稀的孑遗植物

· 简 介 ·

　　落叶乔木，裸子植物柏科。1941年，我国植物学者在湖北首次发现这一闻名中外的古老珍稀孑遗树种。据近年调查，湖南龙山、桑植均发现300余年的巨树。在新宁县城大鱼塘有水杉人工林，又名香杉湖。水杉适应性强，喜湿润，生长快。材质轻软，可供建筑、板料、造纸等用；树姿优美，为庭院观赏树。

刘坤一家宅后花园植物——水杉

分布：2株水杉分布在男生宿舍旁

植物价值：

1. 水杉边材白色，心材褐红色，材质轻软，纹理直，结构稍粗，早晚材硬度区别大，不耐水湿。可供建筑、板料、造纸、制器具、造模型及室内装饰之用。

2. 水杉是"活化石"树种，是秋叶观赏树种。在园林中最适于列植，也可丛植、片植，可用于堤岸、湖滨、池畔、庭院等绿化，也可盆栽，也可成片栽植营造风景林，并适配常绿地被植物；还可栽于建筑物前或用作行道树。水杉对二氧化硫有一定的抵抗能力，是工矿区绿化的优良树种。

趣说花草:

在植物界有"熊猫"之称的水杉树,远在一亿多年前的中生代早白垩纪就出现在地球上。只有亚洲局部地区的水杉仅遭到山麓冰川的轻微侵袭,最终逃过一劫,成为大家族中唯一幸存的后裔。这个处在深闺未被人知的"活化石",于1941年被发现,1948年被正式定名发表后,成为20世纪轰动世界植物学界的一大珍闻。

格物致知:

从古至今,您一直都是义无反顾的代表,无时无刻不显示着昂然向上的生命力量,我们一直都在向您学习。

经历冰川的考验,跨越数百万年,长寿且充满智慧的你,乐观而又坚韧。我要在有限的生命中追求无限的价值。

乌 柏

Sapium sebiferum Roxb.

大戟科　乌柏属

别名：腊子树、柏子树、木
子树

· 简 介 ·

　　乌柏高可达 15 m，各部具乳状汁液，树皮呈暗灰色。
叶互生，多为菱状卵形，花单性，雌雄同株。蒴果呈梨
状球形，成熟时黑色，种子为扁球形，黑色，外被白色、
蜡质的假种皮。花期为 4～8 月，果期为 10～12 月。
乌柏喜光，不耐阴，稍耐寒，耐旱，耐水湿，主根发达，
抗风力强。在深厚肥沃、含水丰富的酸性土、钙质土、
盐碱土壤中均能生长。

刘坤一家宅后花园植物——乌桕

分布： 2株乌桕分布在荷花塘周围及男生宿舍旁

诗词鉴赏：

> 巾子峰头乌白树，微霜未落已先红。
>
> 凭栏高看复下看，半在石池波影中。

——林逋《水亭秋日偶书》

植物价值：

1. 乌桕根皮、树皮、叶可入药，有杀虫、解毒、利尿、通便的功效。种子外被之蜡质称为"柏蜡"，可提制皮油，供制高级香皂、蜡纸、蜡烛等之用。种仁榨取的油称"柏油"或"青油"，供油漆、油墨等用。（注意事项：有小毒，接触其乳汁可引起刺激、糜烂。叶可供农药及杀虫用。）

2. 乌桕叶子可以做黑色染料。乌桕木材白色，材质坚韧，纹理细致，可作为车辆、家具和雕刻等用材。

3. 乌桕树冠整齐，叶形秀丽，秋叶经霜时如火如荼，十分美观，若与亭廊、花墙、山石等相配，甚协调。

格物致知：

乌桕经霜满树红，冬日桕子满枝小着花；凡人历苦心伤累，遇人不淑、爱情不甜，却一步一步在洪荒中生存与发展。

竹 柏

Podocarpus nagi (Thunb.) Pilg.

罗汉松科　罗汉松属

别名：椰树、罗汉柴

二级保护植物

· 简 介 ·

竹柏，罗汉松科竹柏属的乔木，高达 20 m，叶对生，革质，有多数并列的细脉，无中脉，种子呈圆球形，花期为 3～4 月，种子 10 月成熟。竹柏为古老的裸子植物，起源于距今约 1 亿多年前的中生代白垩纪，被人们称为"活化石"，是国家二级保护植物。竹柏有净化空气、抗污染和强烈驱蚊的效果，是雕刻、制作家具、胶合板的优良用材，具有较高的观赏、生态、药用和经济价值。

刘坤一家宅后花园植物——竹柏

分布：2 株竹柏种植在北楼的左花坛

植物价值：

1. 竹柏的枝叶青翠而有光泽，树冠浓郁，树形美观，是优良的风景树。

2. 竹柏的叶片和树皮常年散发缕缕的丁香味，有分解多种有害废气的功能，具有净化空气、抗污染和强烈驱蚊的效果。

3. 竹柏可以舒筋活血、治疗腰肌劳损，还可治外伤骨折、刀伤、枪伤，亦可治疗狐臭、眼疾，抗感冒等，鲜树皮或根适量，水煎熏洗患处，可治风湿性关节炎。

4. 竹柏盛果期单株产果可达 100 ～ 200 kg，种子含油率达 30%，可做工业用油，经处理可成为优质食用油。同时其木材纹理通直、细密，加工性能好，干燥后不变形不开裂，切口平滑，年轮美观。

趣说花草：

传说樵夫在砍柴时遇到一只小鹿，小鹿腿脚受伤无法动弹，樵夫赶忙上前为其包扎。樵夫第二天上山砍柴时发现，昨天救助小鹿的地方长出了竹柏，原来小鹿是仙鹿，竹柏是小鹿为了感恩樵夫才留下的。

格物致知：

爱情忠贞送竹柏，长命百岁日开心；高傲挺立勇无畏，面对生活拾信心。

紫叶李

Prunus Cerasifera Ehrh.

蔷薇科　李属

别名：红叶李、樱桃李

简　介

　　紫叶李属落叶小乔木，高可达8m；花期为4月，果期为8月。叶常年呈紫红色，著名观叶树种，孤植、群植皆宜，能衬托背景。尤其是紫色发亮的叶子，在绿叶丛中像一株株永不衰败的花朵，在青山绿水中形成一道靓丽的风景线。

刘坤一家宅后花园植物——紫叶李

分布：1 株紫叶李种植在北楼右花坛

植物价值：

1. 紫叶李的果实价值：口感远不及果园里的李子，而且紫叶李的果实还含有少量的毒素。野生的紫叶李营养更加丰富，非常受人们的喜爱。未成熟的紫叶李的果实含有大量的鞣质和有机酸，脾胃虚弱的人食用后会伤及脾胃，而且其口感又酸又涩，会引起脾胃不适、虚热脑涨的症状。

2. 紫叶李的绿化价值：紫叶李叶子较大，叶片较厚，整株形状较大，分枝支较少，枝条耸立。作为著名观赏树种的紫叶李在城市绿化、美化方面功不可没。

3. 紫叶李具有较高的观赏价值，不仅可以净化空气，还可美化环境、装饰视野，宜于建筑物前及园路旁或草坪角落处栽植。

格物致知：

我每每看到紫叶李浑身都充满了正能量 —— 幸福、积极向上。紫叶李树，紫气盈盈，高贵典雅，"紫气东来"这四个字是你一生的写照！

含 笑

Michelia fuscata (Andrews) Blume

木兰科　含笑属

别名：含笑美

· 简 介 ·

　　含笑，常绿灌木，高 2～3 m，树皮呈灰褐色，分枝繁密；叶革质，狭椭圆形或倒卵状椭圆形，花期为 3～5 月，果期为 7～8 月。原产于我国华南南部各省区，广东鼎湖山有野生，生于阴坡杂木林中。芳香化木，包润如玉，香幽若兰。

刘坤一家宅后花园植物——含笑

分布：多株含笑分布在后操场周围，以及北、南楼右花坛和商店、长亭等处

诗词鉴赏：

> 自有嫣然态，风前欲笑人。
> 涓涓朝泣露，盎盎夜生春。

——邓润甫《含笑》

趣说花草：

1. 含笑的花苞是三天前就有的，只是那时还是一粒小小的籽儿，我当时还以为她是一种无花的树木，没有开花就结了果。

2. 谁知两三日里，那籽儿却慢慢变大，破了青绿的外皮，露出了黄白的花苞。今天一早再次看她的时候，最大的几个花苞已经从尖端开了口子，分开几片花瓣来。

3. 含笑的花开得实在小气，本来花瓣也不大，还开成半开半合的样子，真有如"千呼万唤始出来，犹抱琵琶半遮面"的京陵美女。正因为她的花开得小气，所以不太惹人注目。许多人经过她身旁的时候，虽然也晃眼一观，但并不十分留意她的美貌。每每工作疲劳之时，我便会静静地立于洁白、纯情的含笑花前，倾身靠近花蕊。

4. 我爱含笑，凌晨她含苞泣露，像少女泪凝花蕊，楚楚动人。

5. 我爱含笑，夏日里她像一把绿伞为我遮阳避雨，朔风中又像一道屏风给我挡风御寒，花开时送我满屋沁香。

6. 每到四、五月的时候，门前的含笑就会盛开，千朵万朵乳白色的小花开满枝丫，朵朵含笑犹如镶嵌在翠玉中的珍珠，点缀着万片绿叶，洒洒点点，相簇相拥。

格物致知：

万千花木之中，由花名便能让人想见其姿容品貌的，唯"含笑"一花。风含情，花含笑。非浪漫之心难造此浪漫之语汇，有情人的眼中才会有多情的景致。"风从花里过来香""有情风万里卷潮来"，写的就是风情；"云想衣裳花想容"，说的便是花心。人非草木，怎知那草木都是无情物呢？试想一朵小花的心思，当天地给了它缤纷的颜色，又给了它浓郁的芬芳，它缘何不愿含笑待人呢？

那含笑之花和那含笑之人，有一样的可爱处。盈盈含笑，娇羞又婀娜，会让人情不自禁，喜悦顿生；泪眼含笑，凄楚又妩媚，那楚楚动人之状又着实会让人心生爱怜。

含笑一花，最宜多愁善感之人栽种。可植一株于庭院，每逢心意不爽之时，即便泪眼观花，最终也会含笑释怀的。

清人孙枝蔚有《思归》诗云："出门欲化杜鹃鸟，抵舍仍为含笑花。"于此想寄言所有的红尘男女，只要人人都努力去做得一株含笑花，彼时"出门俱是含笑人"，社会岂能不一派和谐？

——摘自新浪博客

红 枫

Acer palmatum cv.
Atropurpureum

无患子科　槭属

别名：红颜枫

二级保护植物　新宁县名贵
古老树木

简 介

　　红枫树，高 2～8 m，枝条多细长光滑，偏紫红色。叶掌状，直径 5～10 cm，裂片卵状披针形，先端尾状尖，缘有重锯齿。花顶生伞房花序，紫色。翅果，翅长 2～3 cm，两翅间成钝角。红枫性喜阳光，适合温暖湿润气候，怕烈日暴晒，较耐寒，稍耐旱，不耐涝，适生于肥沃、疏松、排水良好的土壤。红枫为名贵的观叶树木，故常用作盆栽欣赏。

刘坤一家宅后花园植物——红枫

分布：多株红枫种植在后操场周围，以及北、南楼右花坛和商店、长亭等处

诗词鉴赏：

> 远上寒山石径斜，白云生处有人家。
> 停车坐爱枫林晚，霜叶红于二月花。
>
> ——杜牧《山行》

> 枫红空院锁，虚度好年华。
> 一夜霜风起，庭前尽落花。
>
> ——徐书信《惜枫》

> 红枫似火照山中，寒冷秋风袭树丛。
> 丹叶顺时别枝去，来年满岭又枫红。
>
> ——余邵《红枫》

植物价值：

1. 红枫的叶片里含有多种色素，如叶绿素、叶黄素、胡萝卜素、类胡萝卜素等。在植物生长季节，由于叶绿素占绝对优势，叶片便鲜嫩翠绿。秋季来临，气温下降，叶绿素合成受阻，同时叶绿素在低温下转化为叶黄素和花青素，此时叶片就呈现出黄色，并进一步转化为花色素苷的红色素，使叶片呈现出红色，故名红枫。

2. 红枫是一种非常美丽的观叶树种，其叶形优美，红色鲜艳持久，枝序整齐，层次分明，错落有致，树姿美观，观赏价值非常高。

3. 红枫可用于防止水土流失。每到秋天，红枫的叶子就会慢慢变色。红枫成片种植在山坡等地方，到了秋季有很高的观赏价值，而且对于防止水土流失，保持生态环境也有很大的作用。

格物致知：

激情热烈的红枫，您告诉了我今日青春最好时！

闽　楠

Phoebe bournei (Hemsl.) Yen C. Yang

樟科　楠属

别名：雅楠　桢楠

国家二级保护植物　新宁县名贵古老树木

· 简　介 ·

　　闽楠，我国特有的国家二级保护的濒危树种，是极易形成金丝楠木的树种之一。常绿大乔木，可高达 20 m，多生于海拔 1 000 m 以下的常绿阔叶林中。桑植县闽楠古树（树龄 500 年、胸径 1.68 m）主干笔直，冠盖如云，直冲云霄，十分优美。

刘坤一家宅后花园植物——闽楠

分布：7株闽楠分布在北楼右花坛、1株在后操场周围

植物价值：

1. 楠木所发出的自然香气是一味醒脾化湿降浊的芳香之剂，可以调养生息、祛湿醒脾。

2. 楠木家具具有很高的欣赏价值和一定的养生功能，楠木家具的收藏潜力也日益显现出来。

3. 楠木本身亦是一味祛疾除患的良药，可以与其他中药配伍，或单独作为一味独立的药材使用，是博大精深的中医药宝库中不可或缺的重要组成部分。

格物致知：

不像高山那样巍然屹立，也不像江水那样奔泻千里，他是沉静的男性、恬淡的君子、伟岸的丈夫，他不嚣张、不夸耀，在大自然的万物中甘当配角，成为人类生活中不可缺少的一种绿色的点缀。

蒲　葵

Livistona chinensis (Jacq.) R. Br. ex Mart.

棕榈科　蒲葵属

简　介

　　蒲葵，常绿乔木，高可达 20 m，基部常膨大，叶阔肾状扇形，果实椭圆形橄榄状。蒲葵不但是庭院观赏植物和良好的绿化树种，也是一种经济林树种。可用其嫩叶编制葵扇，老叶可制蓑衣等，叶裂片的肋脉可制牙签，果实及根可入药。

刘坤一家宅后花园植物——蒲葵

分布：多株蒲葵分布在北楼前后、南楼左花坛、荷花池周围等处

诗词鉴赏：

> 墨云行雨并成空，突兀彤云在眼中。
> 瓜李不禁如许热，蒲葵能得几多风。
> 通宵看月坐还卧，竟日追凉西复东。
> 回首本无寒暑地，听渠亭午汗珠融。

> ——曾幾《复热》

植物价值：

蒲葵性味平、淡。

叶柄：于新瓦上煅灰冲服，或炒香煎水饮，能治血崩。

葵树子：可活血化瘀，软坚散结。

蒲葵根：止痛；平喘。

格物致知：

你是那奔放、张扬的蒲葵，不管遇到什么挫折都始终坚信风雨过后一定能见彩虹。

铁坚油杉

Keteleeria davidiana (C. E. Bertrand) Beissn.

松科　油杉属

· 简 介 ·

　　铁坚油杉，树甲皮粗糙，暗深灰色，深纵裂；老枝粗，平展或斜展，树冠广圆形。球果圆柱形，中部的种鳞卵形或近斜方状卵形，上部圆或窄长而反曲，是油杉属中最耐寒的一种，为我国特有树种，湖北省省级珍贵植物。湖北神农架国家公园有树龄 1 200 多年的铁坚杉王，高达 48 m，胸径 2.48 m，十分壮观。

刘坤一家宅后花园植物——铁坚油杉

分布：2 株铁坚油杉分布在北楼前后

植物价值：

铁坚油杉的种子可用于驱虫、消积、抗癌。

趣说花草：

巫溪一铁坚油杉获"中国最美古树"称号，该树树龄1 570 年，胸围 880 cm。五宋村铁坚油杉分布较多，被评为"中国最美古树"的这棵铁坚油杉北侧还有一棵，它们被当地人称为"夫妻神树"。

格物致知：

远离都市的喧嚣，虔诚地跪拜在铁坚油杉下，就会抛却世俗杂念、烦恼忧虑，以舒心惬意的情感拥抱我们的日子。

梧 桐

Firmiana platanifolia (L. F.)
Marsili

梧桐科 梧桐属

· 简 介 ·

　　梧桐，嫩枝和叶柄有黄褐色短柔毛，枝内白色中髓有淡黄色薄片横隔。叶片宽卵形，两面疏生短柔毛或近无毛。伞房状聚伞花序顶生或腋生，花冠白色或带粉红色。核果近球形，成熟时呈蓝紫色。木材可制乐器；种子可食用或榨油；叶、花、根、种子可入药，有清热解毒、去湿健脾之效。

刘坤一家宅后花园植物——梧桐

分布：多株梧桐分布在钟楼、荷花池周围、北楼前后及其左花坛等处

诗词鉴赏：

梧桐自来高贵，凤栖之花又怎可泯然众人矣。杜甫在送别贾阁老出汝州时便引用了梧桐之典。一阕五言大气磅礴，离别之意都融进了桀骜里。

西掖梧桐树，空留一院阴。

艰难归故里，去住损春心。

宫殿青门隔，云山紫逻深。

人生五马贵，莫受二毛侵。

——杜甫《送贾阁老出汝州》

植物价值：

梧桐树的根皮、茎、叶、花、果和种子均可药用，可以治腹泻、疝气、须发早白，有清热解毒的功效；种子炒熟可食用或榨油，油为不干性油；木材刨片可浸出黏液，称"刨花"，可润发。

梧桐对二氧化硫、氯气等有毒气体有较强的吸附性，其树干光滑，叶大优美，是著名的观赏树种。梧桐生长快，木材适合制造乐器，树皮可用于造纸和绳索。木材轻软，为制木匣和乐器的良材，许多传说中的古琴都是用梧桐木制造的，梧桐对于中国文化有重要的作用。中国古代传说中，凤凰"非梧桐不栖"。

格物致知：

梧桐树下山水写意的精神感受："四十日秋无点雨，谁将消息到梧桐。"走到这里，一天的工作压力烟消云散，完全释然。

玉 兰

Magnolia denudata (Desr.) D.
L. Fu

木兰科　玉兰属

简　介

　　玉兰，木兰科玉兰亚属，落叶乔木，花白色到淡紫红色，大型、芳香，花冠杯状，花先开放，叶子后长，花期10天左右。我国著名的花木，南方早春重要的观花树木，上海市市花。

刘坤一家宅后花园植物——玉兰

分布：1株种植在后操场周围

诗词鉴赏：

> 洞庭波冷晓侵云，日日征帆送远人。
> 几度木兰舟上望，不知元是此花身。

——李商隐《木兰花》

植物价值：

玉兰花，即木兰科植物木兰的花。花瓣白色或有紫色条纹，民间用来做粉团。可用于治疗鼻塞不通（包括慢性鼻炎）、高血压、血管痉挛头痛。

格物致知：

晨曦中，玉兰花披上一袭轻纱，霞光轻抹，五彩缤纷，好似天上飘下的云彩，于是我成了玉兰的俘虏。

　　玉兰花的香味也是极特别，淡淡的，清清的，幽幽的，若有还无，飘飘袅袅。我陶醉于她的体香之中 —— 决不浓烈，决不娇艳，她只是那么清纯而悠远。

苏 铁

Cycas revoluta Thunb.

苏铁科　苏铁属

· 简 介 ·

　　苏铁最为出名的是开花，其被称为"铁树开花"。苏铁为优美的观赏树种，栽培极为普遍，茎内含淀粉，可供食用；种子含油和丰富的淀粉，微有毒，可供食用和药用，有治痢疾、止咳和止血之效。该物种为有毒植物，其种子和茎顶部髓心有小毒。

刘坤一家宅后花园植物——苏铁

分布：多株苏铁分布在办公楼草坪、南北楼花坛、荷花池周围、钟楼等处

植物价值：

苏铁为著名的观赏树种，其寿命长且外形优美大方，具有古雅的树形，粗壮的主干坚硬如铁，展现出一种坚韧而强大的生命力。

苏铁的叶子可以全年采摘，主要含有糖类和氨基酸，主治功能为清热、止血、散瘀等，对于跌打肿痛、尿血、胃痛等也有一定的作用。苏铁的花可以理气止痛、益肾固精等。苏铁的种子可用于平肝、降血压。苏铁的根主要可以用于治疗肺结核咯血、牙痛、腰痛、肾虚、跌打损伤等。

铁树茎内含有淀粉，可以食用。铁树叶中含有丰富的氨基酸和糖分，可为人体提供充足的营养成分。孕妇是不能食用的，否则有可能影响胎儿和母体的健康。

格物致知：

您是一位长寿的老人，您不惧严寒，坚毅刚强，护佑年轻人好运连连，生活顺利。

你是远古的遗珍，引领我穿越时空：生命长河里独特的历史和故事都值得我们去尊重。

栀 子

Gardenia jasminoides J. Ellis

茜草科　栀子属

· 简 介 ·

　　栀子，属茜草科，为常绿灌木，枝叶繁茂，花芳香，为重要的庭院观赏植物。浆果卵形，黄色或橙色，其花、果实、叶和根可入药，有泻火除烦、清热利尿、凉血解毒之功效。

刘坤一家宅后花园植物——栀子

分布：多株栀子分布在北楼右花坛

诗词鉴赏：

唐朝"诗豪"刘禹锡，一生命运多舛，然而刘禹锡乐观积极，诗风简洁明快，俊爽飘逸，曾说："我本山东人，平生多感慨。"即便是多次遭贬，依然是斗志不改，其关于桃花的诗词典故流传千古。下面我们来赏析他关于栀子的诗——《和令狐相公咏栀子花》。

　　　　蜀国花已尽，越桃今已开。
　　　　色疑琼树倚，香似玉京来。
　　　　且赏同心处，那忧别叶催。
　　　　佳人如拟咏，何必待寒梅。

这首诗是刘禹锡为和当时的宰相令狐楚关于栀子的诗而创作的，"越桃"就是栀子，"琼树""玉京"都是传说中仙宫的景色。四川的其他花都已开败，然而栀子却悠然独开，色如琼花洁白，香似玉虚宫而至，雍容典雅，非世间凡俗之物。"同心"说明二人感情和睦，相互知心，"那忧别叶催"有双关之意，说明他人是挑拨不了我们之间的关系的，最后一句更是将栀子比作梅花，如果想吟诗作赋，不必等到寒梅盛开，看到栀子就完全可以了。这首诗把栀子的色、香、神、气描述得活灵活现。

植物价值：

栀子枝叶繁茂，叶色四季常绿，花芳香，素雅，绿叶白花格外清丽可爱，为庭院中优良的美化树种。果皮可用作黄色染料，木材坚硬细致，为雕刻良材。

栀子的根、叶、果实均可入药，有泻火除烦、清热利尿、凉血解毒、降血压等功效。其中栀子果外用可治外伤出血、扭挫伤。根入药主治传染性肝炎、跌打损伤、风火牙痛。另外栀子对二氧化硫有抗性，可净化大气。

趣说花草：

"栀子花，白花瓣，落在我蓝色百褶裙上，爱你，你轻声说，我低下头闻见一阵芬芳。"这是我喜欢的一首歌《后来》的歌词，歌词是施人诚写的，幽怨间饱含无奈，美丽中夹杂酸楚，在歌手刘若英的演唱下，朴素清新，温柔而坚强，凄婉的曲风、明快的色调形成鲜明的对比。当时这首歌引起很多人的共鸣。

格物致知：

现在，我所盼望的栀子花即将绽放，它那洁白的颜色，那芬芳的香味，让人忍不住陶醉，让人不由得感慨：生命，也应该像栀子花一样散发出阵阵幽香。

蚊母树

Distylium racemosum Sieb.et Zucc.

金缕梅科　蚊母树属

别名：米心树、蚊子树、中华蚊母

· 简 介 ·

　　蚊母树属常绿灌木或中乔木，嫩枝有鳞垢，老枝秃净，干后呈暗褐色；芽体裸露，无鳞状苞片，被鳞垢。叶革质，椭圆形或倒卵状椭圆形。长江流域的城市园林中常有栽培。

刘坤一家宅后花园植物——蚊母树

分布：4 株蚊母树分布在北楼右花坛

植物价值：

1. 蚊母树枝叶密集，树形整齐，叶色浓绿，经冬不凋，春日开细小红花，颇美丽，加之对烟尘及多种有毒气体的抗性很强，防尘及隔音效果好，是城市及工矿区绿化及观赏树种。对二氧化硫及氯有很强的抵抗力。

2. 蚊母树根主治水肿、手足浮肿、风湿骨节疼痛、跌打损伤。

趣说花草：

叶片为蚊虫的寄生体，其在叶面中间像绿豆一样突起，幼虫极小，成熟后飞出，叶面中间便形成空洞，但对整株植物的健康生长并无丝毫影响，所以被称为"蚊母"。虫害主要有瘿蚜和蚧壳虫为害。叶面因受瘿蚜为害，常形成虫瘿，是本种特殊的观赏之处。

格物致知：

对于疾病，不粗心大意、不推延、不放弃希望，勇敢面对，用爱来温暖寂静的世界，用心来呵护内心的花田。

枇　杷

Eriobotrya japonica (Thunb.)
Lindl.

蔷薇科　枇杷属

别名：金九、芦枝

· 简　介 ·

　　枇杷，常绿小乔木，一般树高 3～4 m；树冠呈圆形，向内收敛，树干颇短。小枝粗壮，黄褐色，叶片革质，披针形、倒披针形、倒卵形或椭圆长圆形，密生锈色或灰棕色绒毛，果实球形或长圆形。

刘坤一家宅后花园植物——枇杷

分布：2株枇杷分布在北楼前、1株分布在商店与长亭之间

诗词鉴赏：

> 田舍清江曲，柴门古道旁。
> 草深迷市井，地僻懒衣裳。
> 榉柳枝枝弱，枇杷树树香。
> 鸬鹚西口照，晒翅满鱼梁。

——杜甫《田舍》

植物价值：

吃鲜枇杷果肉可治肺燥咳嗽、黄疸、流感；枇杷叶可治

热性咳嗽等；枇杷根可治糖尿病、黄疸。

格物致知：

枇杷树下，枇杷的甜，父亲微笑的脸，我心中荡漾着甜蜜的温暖！

枇杷，你迎风发出四季的佳音，这音律中有独特的关于自然的力量。

花 椒

Zanthoxylum bungeanum Maxim.

芸香科　花椒属

别名：檓、大椒、秦椒、蜀椒

· 简 介 ·

　　花椒是芸香科花椒属落叶小乔木，高可达 7 m；茎干上有刺，枝有短刺，当年生枝被短柔毛。叶轴常有甚狭窄的叶翼；小叶对生，卵形、椭圆形、稀披针形，叶缘有细裂齿，齿缝有油点。叶背被柔毛，叶背干有红褐色斑纹。花序顶生或生于侧枝之顶，花柱斜向背弯。果紫红色，散生微凸起的油点，花期为 4～5 月，果期为 8～9 月或 10 月。

刘坤一家宅后花园植物——花椒

分布：1 株花椒种植在北楼附近

诗词鉴赏：

> 欣欣笑口向西风，喷出玄珠颗颗同。
>
> 采处倒含秋露白，晒时娇映夕阳红。
>
> 调浆美著骚经上，涂壁香凝汉殿中。
>
> 鼎铼也应加此味，莫教姜桂独成功。

——刘子翚《花椒》

植物价值：

花椒味辛、性热；有芳香健胃、温中散寒、除湿止痛、杀虫解毒、止痒解腥之功效；主要治疗呕吐、风寒湿痹、齿痛等症。

果皮含有挥发油，油的主要成分为柠檬烯、枯醇、牛儿醇，此外含有植物甾醇及不饱和有机酸等多种化合物。

趣说花草：

花椒结实累累，在《诗经·唐风》里称："椒聊之实，藩衍盈升。"香气可辟邪，宫廷用花椒渗入涂料以糊墙壁，这种房子称为"椒房"，希望皇子们能像花椒树一样旺盛。班固《西都赋》中载："后宫则有掖庭椒房，后妃之室。"《红楼梦》第十六回中有"每月逢二、六日期，准其椒房眷属入宫请候看视"之句足以佐证。

据说早在 1 480 多年前，北魏贾思勰在《齐民要术》中就有"蜀椒出武都""秦椒出天水"的记载。"秦椒出天水"就是指以天水市麦积区元龙镇为主的渭河河谷地带生产花椒。

格物致知：

> 风味园里费心思，温阳驱寒点麻辣。
> 去除湿气求健康，花椒定情多育子。

银　杏

Ginkgo biloba L.

银杏科　银杏属

别名：白果、公孙树、鸭脚
树、蒲扇

· 简　介 ·

银杏出现在几亿年前，是第四纪冰川运动后遗留
下来的裸子植物中最古老的孑遗植物，有"活化石"
的美称，有人把它称作"公孙树"，有"公种而孙得食"
的含义，是树中的"老寿星"，具有观赏、经济、药用
价值。

刘坤一家宅后花园植物——银杏

分布： 2 株银杏各分布在南、北楼右花坛

诗词鉴赏：

> 风韵雍容未甚都，尊前甘橘可为奴。
> 谁怜流落江湖上，玉骨冰肌未肯枯。
> 谁教并蒂连枝摘，醉后明皇倚太真。
> 居士擘开真有意，要吟风味两家新。

—— 李清照《瑞鹧鸪·双银杏》

植物价值：

银杏的营养价值很高，具有治咳喘、益肺气、缩小便、护血管、增加血容量、改善大脑功能、增强记忆能力、延缓

老年人大脑衰老、保护肝脏、减少心律不齐等功效，并且具有抗菌、杀菌的作用，还有止咳祛痰、去除自由基及美容养颜的功能，可用于煮粥、煲汤等。

趣说花草：

新宁紫云山顶有一棵"银杏王"，高35 m，胸径2 m，树龄逾千年，仍虎虎有生气，被誉为"寿星树"。

格物致知：

深秋的早上，我在遍地黄金——银杏大地上慢慢地呼吸，浮躁的心变得异常平静，这里有我永恒的爱。

紫 荆

Cercis chinensis Bunge

豆科　紫荆属　落叶乔木
或灌木

别名：裸枝树、紫珠

·简 介·

　　紫荆，丛生或单生灌木，高2～5 m，树皮和小枝灰白色，花紫红色或粉红色，2～10余朵成束，簇生于老枝和主干上，尤以主干上花束较多，越到上部的幼嫩枝条花越少，通常先于叶开放，但嫩枝或幼株上的花则与叶同时开放。

刘坤一家宅后花园植物——紫荆

分布： 2 株紫荆分别种植在北楼附近和北楼左花坛

诗词鉴赏：

> 稼艳压春葩，葩成叶始芽。
>
> 未张青羽旆，先糁紫金砂。
>
> 谱接三荆树，名齐连萼花。
>
> 移根向深谷，寂寞爱繁奢。

—— 卫宗武《紫荆花》

植物价值：

紫荆的花、树皮和果实均可入药，具有清热凉血、祛风解毒、活血通经、消肿止痛等功效。可治疗风湿骨痛、跌打损伤、风寒湿痹、闭经、蛇虫咬伤、血气不和等病症。紫荆先花后叶，花色艳丽可爱，常常被种于庭院、建筑物前及草坪边缘，丛植观赏。紫荆花具有花期长、花朵大、花形美、花色鲜、花香浓五大特点，已成为香港市花。

趣说花草：

在我国古代，紫荆花常被人们用来比拟亲情，象征兄弟和睦、家业兴旺，故紫荆多种于庭院间。木似黄荆，叶小无丫，花深紫可爱。

格物致知：

颠沛流离中，风吹紫荆，落花无数，在花影中我似乎感受到了淡淡亲情的温馨。

杜 英

Elaeocarpus decipiens Hemsl.

杜英科　杜英属　常绿乔木

别名：假杨梅、梅擦饭、青果、野橄榄、胆八树、橄榄、缘瓣杜英

· 简 介 ·

　　杜英，高可达 15 m，叶革质，披针形或倒披针形，叶柄初时有微毛，结实时变秃净。总状花序多生于叶腋，花白色；核果椭圆形，外果皮无毛，内果皮坚骨质，花期为 6～7 月。杜英，常绿，速生，材质好，适应性强，病虫害少，是庭院观赏和绿化的优良品种。

刘坤一家宅后花园植物——杜英

分布：多株杜英分布在南北楼花坛

诗词鉴赏：

> 杜英挺秀傲霜风，翠绿丛中点点红。
> 非是花开呈娇艳，实为红叶缀其中。

——薛勇的七言诗

植物价值：

1. 树皮可用作染料；木材可作为栽培香菇的良好段木；果实可食用；种子油可作为肥皂和润滑油；根辛温，能散瘀消肿，治疗跌打、损伤、瘀肿。

2. 在深秋季节，有部分当年春季形成的叶片，在低温霜冻的影响下，叶绿素转化为花青素，叶片的绿色被花青素的红色遮盖，呈现鲜艳的红色。园林工作者把这种鲜艳的深红色称为"绯红"。初冬，在周边其他植物的枯黄落叶中，这种"绯红"十分耀眼，具有观赏价值。

3. 行道树是指道路两旁成行的树木，主要起遮阴、绿化、美化、调节温湿度的作用，对于防止尘垢污染，减轻或避免危害，具有明显的作用。

趣说花草：

杜英最明显的特征是高挂树梢的红叶随风徐徐飘摇，像小鱼群般充满动感，是值得驻足欣赏的植物。

格物致知：

杜英花，你顽强、朴实，不论到哪里都能较好地发展，创造出自己的一番天地。杜英花，你小巧玲珑，像是随风摇曳的铃铛。你的叶子到了秋天渐渐变红，我把落下的红叶夹入书中作为书签，也是妙趣横生。杜英花，你像女孩耳朵上的精致耳环，层层叠叠地随风飘摇，风吹过，花朵簌簌地飘落下来，就像下了花雨，美妙极了。

金叶含笑

Michelia foveolata Merr. ex
Dandy

木兰科　含笑属

· 简 介 ·

　　金叶含笑，乔木，高达 30 m，胸径达 80 cm；树皮淡灰或深灰色；芽、幼枝、叶柄、叶背、花梗密被红褐色短绒毛。生于海拔 500 ～ 1 800 m 的阴湿林中。花可用扦插、圈枝繁殖和嫁接法等方式繁殖。

刘坤一家宅后花园植物——金叶含笑

分布：1 株金叶含笑分布在北楼右花坛

趣说花草：

金叶含笑有很好的抗氧化作用，可以延缓人体的衰老过程，能使紧张的神经松弛下来，可振奋精神，激发活力，消除疲劳等。金叶含笑中还有利尿成分，能够促进体内毒素的排出，加快新陈代谢。

格物致知：

你是美丽、纯贞的美人，虽然有着浓郁的芬芳，但是含笑不语、不张扬，非常内敛、内秀，我陶醉其中。

珊瑚树

Viburnum odoratissimum Ker.
Gawl.
五福花科　荚蒾属
别名：法国冬青、日本珊瑚
树、早禾树

· 简　介 ·

　　珊瑚树，枝干挺直，树皮灰褐色，终年苍翠，圆锥状伞房花序顶生，3～4月开白色钟状芳香小花，花退却后显出椭圆形的果实，初为橙红，之后红色渐变为紫黑色，形似珊瑚，观赏性很高，故而得名。喜欢温暖、阳光充足的环境，较耐寒、稍耐阴、耐火力较强，可用作森林防火屏障等。

刘坤一家宅后花园植物——珊瑚树

分布：4 株分别分布在南北楼右花坛和荷花池周围

植物价值：

珊瑚树不仅有较强的吸收多种有害气体的能力，而且对烟尘、粉尘的吸附作用也很明显，据测定，珊瑚树每年的滞尘量为 4.16 t/hm^2，远大于大叶黄杨、夹竹桃等常绿植物。根、树皮、叶（沙糖木）辛凉，有清热祛湿、通经活络、拔毒生肌之功用，可用于治疗感冒、跌打损伤、骨折等。

格物致知：

珊瑚树有吉祥富贵的寓意，是平安、幸福的象征。珊瑚树盆景是生日、纪念日送给长辈和亲人的理想选择，有祝福之意。

刺 楸

Kalopanax septemlobus
(Thunb.) Koidz.

五加科　刺楸属

别名：鼓钉刺、刺枫树、刺桐

二级保护植物　新宁县名贵古
老树木

简 介

　　刺楸，伞形目五加科植物，落叶乔木，高可达 30 m。小枝具粗刺；叶在长枝上互生、短枝上簇生；坚纸质；叶片近圆形，裂片三角状圆卵形至长椭圆状卵形，上面绿色；伞形花序合成顶生的圆锥花丛，花丝细长，果实近于圆球形，扁平。花果期为 7 ～ 10 月。

刘坤一家宅后花园植物——刺楸

分布：6 株分别分布在北楼左右花坛和南楼左花坛

诗词鉴赏：

> 傲世锋芒一刺楸，风云万载与时道。
> 清纯秀丽而今范，大气张扬亘古留。
> 处暑花芸蜂念念，立冬果灿鸟啾啾。
> 荣枯也许从无惑，砥砺前行乐上游。

植物价值：

刺楸木质优良，可用于制作高级家具、乐器、工艺品等；嫩叶清香可食用，为顶级野菜；种子含油脂，可用来制肥皂。刺楸树根、树皮可入药，有清热解毒、消炎祛痰、镇痛等功效；性平，味甘苦，无毒。

刚 竹

Phyllostachys sulphurea
(Carr.) A. et C. Riv. cv. Viridis
禾本科　刚竹属

· 简 介 ·

　　刚竹，竿高 6 ～ 15 m，直径 4 ～ 10 cm，幼时无毛，微被白粉，绿色，竿呈绿色或黄绿色，在 10 倍放大镜卜叮见猪皮状小凹穴或白色晶体状小点；竿环在较粗大的竿中于不分枝的各节上不明显。

刘坤一家宅后花园植物——刚竹

分布：多株刚竹分布在北楼右花坛

格物致知：

1. 晴朗的日子到这里，金灿灿的阳光洒在竹浪上，泛起碧海金波，笑逐颜开的游人情不自禁地唱起了情歌。

2. 飘雨的日子来到这里，淅淅沥沥的雨声，让人沐浴着大自然的恩赐，荡涤了奔波的尘埃；叮叮咚咚的泉水，流淌出一曲曲与心灵对唱的歌谣。

雀舌黄杨

Buxus bodinieri H. Lév.

黄杨科　黄杨属

· 简　介 ·

　　雀舌黄杨，灌木，高 3～4 m，枝圆柱形，小枝四棱形，被短柔毛，后变无毛。叶薄革质，通常为匙形，亦有狭卵形或倒卵形，叶面绿色，光亮，叶背苍灰色，中脉两面凸出，侧脉极多，在两面或仅叶面显著。花序腋生，头状，长 5～6 mm，花密集；苞片卵形，背面无毛，或有短柔毛；雄花约 10 朵。蒴果卵形，长 5 mm，宿存花柱直立，长 3～4 mm。花期为 2 月，果期为 5～8 月。

刘坤一家宅后花园植物——雀舌黄杨

分布：多株分布在北楼右花坛

诗词鉴赏：

黄杨每岁一寸，不溢分毫，至闰年反缩一寸，是天限之命也。苏轼有诗云："百丈休牵上濑船，一钩归钓缩头鳊。园中草木春无数，只有黄杨厄闰年。"

植物价值：

药用部分为根、枝、叶。性味功能：苦，平；可祛风湿、理气止痛、清热解毒，主治风湿痹痛、牙痛、胸腹气胀、疝痛、跌打损伤、热疖。

格物致知：

我是欢快活泼、充满青春活力的雀舌黄杨，我富有蓬勃向上的精神，我觉得环境美了、空气清新了！

你赋予了文人墨客特有的灵动和生机，于是我也就从你身上汲取了特有的灵感和智慧。

附 录 1

刘坤一家宅后花园植物汇总统计表

序号	植物名称	门	目	科	属	拉丁名	数量
1	朴树	维管植物门	荨麻目	榆科	朴属	*Celtis sinensis* Pers.	1
2	广玉兰	维管植物门	木兰目	木兰科	木兰属	*Magnolia grandiflora* L.	17
3	大叶樟	维管植物门	毛茛目	樟科	樟属	*Calamagrostis langsdorffii* (Link) Trin.	6
4	香樟	维管植物门	樟目	樟科	樟属	*Cinnamomum camphora* (L.) Presl.	70
5	雪松	维管植物门	松柏目	松科	雪松属	*Cedrus deodara* (Roxb.) G. Don.	7
6	桂花	维管植物门	捩花目	木樨科	木樨属	*Osmanthus fragrans* (Thunb.) Lour.	35
7	女贞	维管植物门	玄参目	木樨科	女贞属	*Ligustrum lucidum* W. T. Aiton	10
8	红花檵木	维管植物门	金缕梅目	金缕梅科	檵木属	*Loropetalum chinense* var. *rubrum* Yieh.	多株
9	冬青卫矛	维管植物门	无患子目	卫矛科	卫矛属	*Euonymus japonicus* Thunb.	多株
10	月季	维管植物门	蔷薇目	蔷薇科	蔷薇属	*Rosa chinensis* Jacq.	多株
11	紫薇	维管植物门	桃金娘目	千屈菜科	紫薇属	*Lagerstroemia indica* L.	5
12	罗汉松	维管植物门	罗汉松目	罗汉松科	罗汉松属	*Podocarpus macrophyllus* (Thunb.) Sweet	25

续表

序号	植物名称	门	目	科	属	拉丁名	数量
13	闽楠	维管植物门	毛茛目	樟科	楠属	*Phoebe bournei* (Hemsl.) Yen C. Yang	8
14	红枫	维管植物门	无患子目	无患子科	槭属	*Acer palmatum* cv. Atropurpureum	多株
15	杜鹃	维管植物门	杜鹃花目	杜鹃花科	杜鹃花属	*Rhododendron simsii* Planch.	多株
16	石榴	维管植物门	桃金娘目	千屈菜科	石榴属	*Punica granatum* L.	10
17	南方红豆杉	维管植物门	柏目	红豆杉科	红豆杉属	*Taxus wallichiana* var. *mairei* (Lemée & H. Lév.) L. K. Fu et Nan Li	3
18	含笑	维管植物门	木兰目	木兰科	含笑属	*Michelia fuscata* (Andrews) Blume	多株
19	石楠	维管植物门	蔷薇目	蔷薇科	石楠属	*Photinia serrulata* Lindl.	1
20	玉兰	维管植物门	毛茛目	木兰科	玉兰属	*Magnolia denudata* (Desr.) D. L. Fu	1
21	苏铁	维管植物门	苏铁目	苏铁科	苏铁属	*Cycas revoluta* Thunb.	多株
22	铁坚油杉	维管植物门	松目	松科	油杉属	*Keteleeria davidiana* (C. E. Bertrand) Beissn.	2
23	梧桐	维管植物门	锦葵目	梧桐科	梧桐属	*Firmiana platanifolia* (L. F.) Marsili	多株
24	蒲葵	维管植物门	棕榈目	棕榈科	蒲葵属	*Livistona chinensis* (Jacq.) R. Br. ex Mart.	多株
25	枇杷	维管植物门	蔷薇目	蔷薇科	枇杷属	*Eriobotrya japonica* (Thunb.) Lindl.	3

序号	植物名称	门	目	科	属	拉丁名	数量
26	紫荆	维管植物门	豆目	豆科	紫荆属	*Cercis chinensis* Bunge	2
27	花椒	维管植物门	无患子目	芸香科	花椒属	*Zanthoxylum bungeanum* Maxim.	1
28	金叶含笑	维管植物门	木兰目	木兰科	含笑属	*Michelia foveolata* Merr. ex Dandy	1
29	珊瑚树	维管植物门	川续断目	五福花科	荚蒾属	*Viburnum odoratissimum* Ker. Gawl.	4
30	杜英	维管植物门	酢浆草目	杜英科	杜英属	*Elaeocarpus decipiens* Hemsl.	多株
31	银杏	维管植物门	银杏目	银杏科	银杏属	*Ginkgo biloba* L.	2
32	栀子	维管植物门	龙胆目	茜草科	栀子属	*Gardenia jasminoides* J. Ellis	多株
33	刺楸	维管植物门	伞形目	五加科	刺楸属	*Kalopanax septemlobus* (Thunb.) Koidz.	6
34	蚊母树	维管植物门	虎耳草目	金缕梅科	蚊母树属	*Distylium racemosum* Sieb.et Zucc.	4
35	雀舌黄杨	维管植物门	黄杨目	黄杨科	黄杨属	*Buxus bodinieri* H. Lév.	多株
36	刚竹	维管植物门	禾本目	禾本科	刚竹属	*Phyllostachys sulphurea* (Carr.) A. et C. Riv. cv. Viridis	多株
37	毛竹	维管植物门	禾本目	禾本科	刚竹属	*Phyllostachys edulis* (Carrière) J. Houz.	多株
38	竹柏	维管植物门	罗汉松目	罗汉松科	罗汉松属	*Podocarpus nagi* (Thunb.) Pilg.	2

序号	植物名称	门	目	科	属	拉丁名	数量
39	紫叶李	维管植物门	蔷薇目	蔷薇科	李属	*Prunus Cerasifera* Ehrh.	1
40	深山含笑	维管植物门	木兰目	木兰科	含笑属	*Michelia maudiae* Dunn.	1
41	红翅槭	维管植物门	无患子目	无患子科	槭属	*Acer fabri* Hance	4
42	枫树	维管植物门	无患子目	无患子科	槭属	*Acer Palmatum* Thunb.	1
43	木槿	维管植物门	锦葵目	锦葵科	木槿属	*Hibiscus syriacus* L.	1
44	南天竺	维管植物门	毛茛目	小檗科	南天竹属	*Nandina domestica* Thunb.	多株
45	水杉	维管植物门	柏目	柏科	水杉属	*Metasequoia glyptostroboides* Hu et W. C. Cheng	2
46	乌桕	维管植物门	金虎尾目	大戟科	乌桕属	*Sapium sebiferum* Roxb.	2
47	白玉兰	维管植物门	毛茛目	木兰科	木兰属	*Magnolia denudata* Desr.	11
48	八角金盘	维管植物门	伞形目	五加科	八角金盘属	*Fatsia japonica* (Thunb.) Decne. et Planch	多株
49	夹竹桃	维管植物门	龙胆目	夹竹桃科	夹竹桃属	*Nerium oleander* L.	3
50	红豆树	维管植物门	豆目	豆科	红豆属	*Ormosia hosiei* Hemsl. et E. H. Wils.	2
51	粗榧	维管植物门	柏目	三尖杉科	三尖杉属	*Cephalotaxus sinensis* (Rehder et E. H. Wilson) H. L. Li	1

序号	植物名称	门	目	科	属	拉丁名	数量
52	醉香含笑	维管植物门	木兰目	木兰科	含笑属	*Michelia macclurei* Dandy	1
53	巨紫荆	维管植物门	蔷薇目	豆科	紫荆属	*Cercis gigantea* W.C. Cheng et Keng f.	1
54	山胡椒	维管植物门	樟目	樟科	山胡椒属	*Lindera glauca* (Siebold et Zucc.) Blume	3
55	迎春花	维管植物门	唇形目	木樨科	素馨属	*Jasminum nudiflorum* Lindl.	多株
56	荷花	维管植物门	山龙眼目	莲科	莲属	*Nelumbo nucifera* L.	多株
57	地锦	维管植物门	葡萄目	葡萄科	地锦属	*Parthenocissus tricuspidata* (Siebold et Zucc.) Planch.	数条
58	小叶女贞	维管植物门	捩花目	木樨科	女贞属	*Ligustrum quihoui* Carrière	多株
59	乐昌含笑	维管植物门	木兰目	木兰科	含笑属	*Michelia chapensis* Dandy	2
60	柚	维管植物门	无患子目	芸香科	柑橘属	*Citrus maxima* (Burm.) Merr.	1
61	圆柏	维管植物门	柏目	柏科	刺柏属	*Juniperus chinese* L.	1
62	方竹	维管植物门	禾本目	禾本科	寒竹属	*Chimonobambusa quadrangularis* (Franceschi) Makino	多株
63	桃	维管植物门	蔷薇目	蔷薇科	李属	*Prunus persica* (L.) Batsch	1
64	江南油杉	维管植物门	松目	松科	油杉属	*Keteleeria fortunei* var. *cyclolepis* (Flous) Silba	1

续表

序号	植物名称	门	目	科	属	拉丁名	数量
65	革叶卫矛	维管植物门	卫矛目	卫矛科	卫矛属	*Euonymus lecleri* H. Lév.	1
66	杨桐	维管植物门	杜鹃花目	五列木科	杨桐属	(Hook. et Arn.) Benth. et Hook. f. ex Hance	2
67	山茶	维管植物门	杜鹃花目	山茶科	山茶属	*Camellia japonica* L.	2
68	天女花	维管植物门	木兰目	木兰科	天女花属	*Oyama sieboldii* (K. Koch) N. H. Xia et C. Y. Wu	4
69	棕榈	维管植物门	棕榈目	棕榈科	棕榈属	*Trachycarpus fortunei* (Hook.) H. Wendl	3
70	凤凰竹	维管植物门	禾本目	禾本科	箣竹属	*Bambusa multiplex* (Lour.) Raeuschel ex Schult. et Schule.f	多株
71	含笑花	维管植物门	木兰目	木兰科	含笑属	*Michelia figo* (Lour.) Spreng.	1
72	柳杉	维管植物门	柏目	柏科	柳杉属	*Cryptomeria japonica* var. sinensis Miq.	2
73	俞藤	维管植物门	鼠李目	葡萄科	俞藤属	*Yua thomsoni* (Laws.) C. L. Li	数条
74	榉树	维管植物门	蔷薇目	榆科	榉属	*Zelkova serrata* (Thunb.) Makino	1
75	乐东拟单性木兰	维管植物门	木兰目	木兰科	拟单性木兰属	*Parakmeria lotungensis* (Chun et C. H. Tsoong) Y. W. Law	2
76	黑壳楠	维管植物门	樟目	樟科	山胡椒属	*Lindera megaphylla* Hemsl.	1

序号	植物名称	门	目	科	属	拉丁名	数量
77	榧	维管植物门	柏目	红豆杉科	榧属	*Torreya grandis* Fortune ex Lindl.	1
78	鹅掌楸	维管植物门	木兰目	木兰科	鹅掌楸属	*Liriodendron chinense* （Hemsl.）Sarg.	1
79	刺柏	维管植物门	柏目	柏科	刺柏属	*Juniperus formosana* Hayata	1
80	海桐	维管植物门	伞形目	海桐科	海桐花属	*Pittosporum tobira* (Thunb.) W. T. Aiton	13
81	绣球	维管植物门	山茱萸目	绣球科	绣球属	*Hydrangea macrophylla* (Thunb.) Ser.	1
82	齿叶冬青	维管植物门	冬青目	冬青科	冬青属	*Ilex crenata* Thunb.	1
83	槐	维管植物门	豆目	豆科	槐属	*Sophora japonica* L.	1

附 录 2

刘坤一家宅后花园植物分布平面图全图

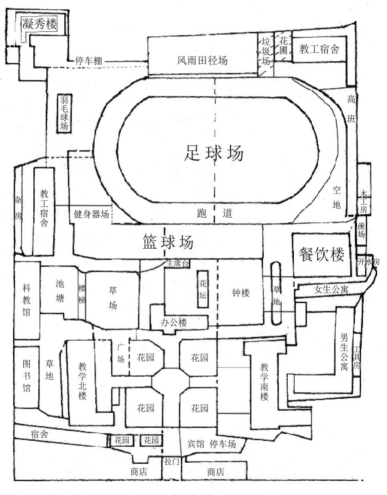

解 放 路

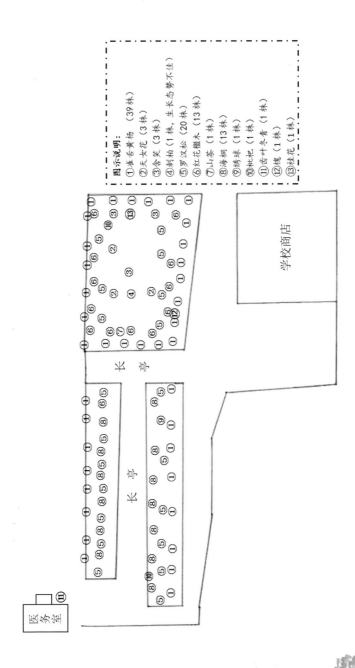

刘坤一家宅后花园植物分布平面图一（商店及长亭）

图示说明：
①淡竹黄杨（39株）
②天女花（3株）
③冷杉（3株）
④刺柏（1株，生长态势不佳）
⑤罗汉松（20株）
⑥红花檵木（13株）
⑦山茶（1株）
⑧海桐（13株）
⑨绣球（1株）
⑩枇杷（1株）
⑪齿叶冬青（1株）
⑫槐（1株）
⑬桂花（1株）

学校商店

长亭

长亭

医务堂

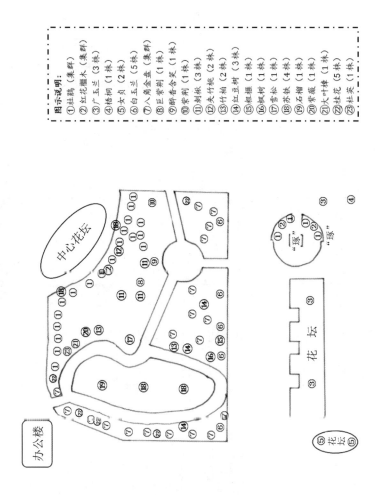

刘坤一家宅后花园植物分布平面图二 (北楼左花坛)

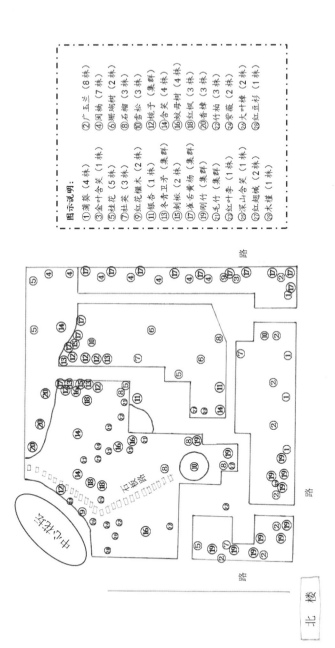

刘坤一家宅后花园植物分布平面图三（北楼右花坛）

刘坤一家宅后花园植物分布平面图四（南楼右花坛）

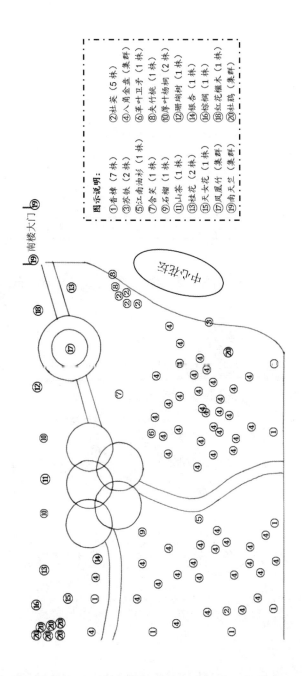

图示说明：

①香樟（7株）　②柱荚（5株）
③苏铁（2株）　④八角金盘（集群）
⑤江南油杉（1株）　⑥羊叶卫矛（1株）
⑦合欢（1株）　⑧夹竹桃（1株）
⑨石榴（1株）　⑩厚叶杨桐（2株）
⑪山茶（1株）　⑫珊瑚树（1株）
⑬桂花（2株）　⑭银杏（1株）
⑮天女花（1株）　⑯棕榈（1株）
⑰凤凰竹（集群）　⑱红花檵木（1株）
⑲南天竺（集群）　⑳杜鹃（集群）

图示说明：

①桂花（5株）
②含笑花（1株）
③白玉兰（4株）
④柳杉（2株）
⑤八角金盘（集群）
⑥石榴（1株）
⑦方竹（集群）
⑧蜘叶女贞（1株）
⑨冷藤（散交）
⑩淌菜（4株）
⑪棰（2株）
⑫棒树（1株）
⑬乐东拟单性木兰（2株）
⑭乐昌含笑（1株）
⑮香樟（5株）
⑯黑壳楠（1株）
⑰深山含笑（1株）
⑱雪松（1株）
⑲棕榈（2株）
⑳刺柏（2株）
㉑苏铁（1株）
㉒鹅掌楸（1株）
㉓红枫（1株）

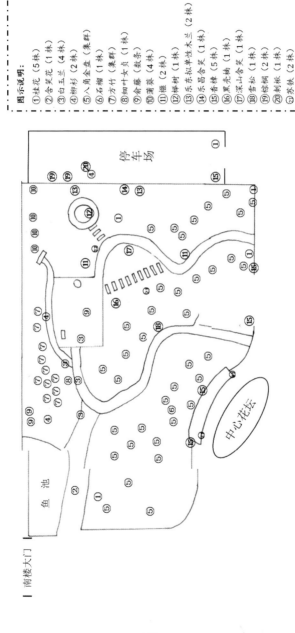

刘坤一家宅后花园植物分布平面图五（南楼左花坛）

刘坤一家宅后花园植物分布平面图六（南楼前后及男生宿舍）

图示说明：
①香樟（24 株）
②南天竺（集群）
③女贞（2 株）
④水杉（2 株）
⑤乌柏（1 株）

南 楼

男生宿舍

正 门

侧 门

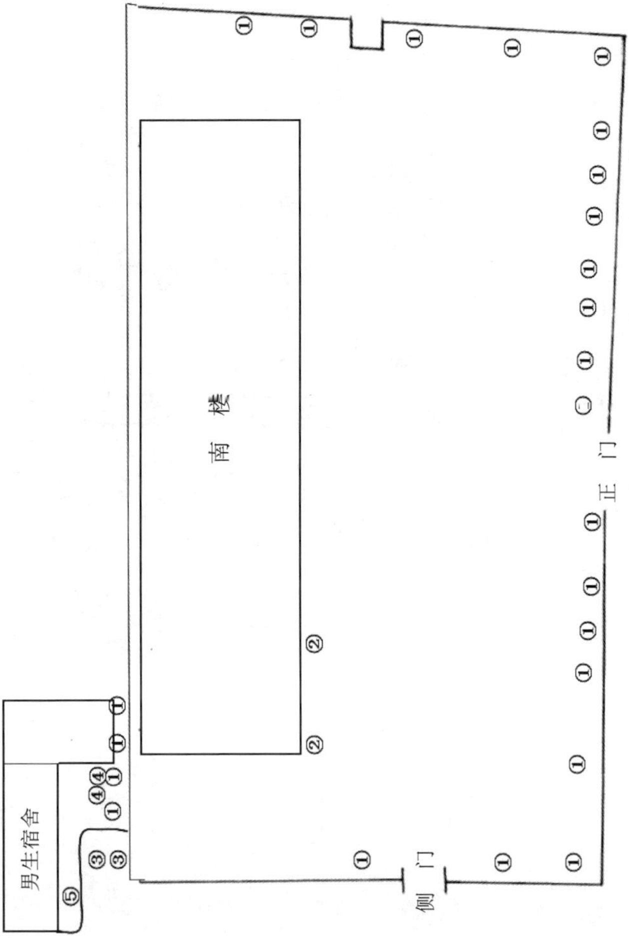

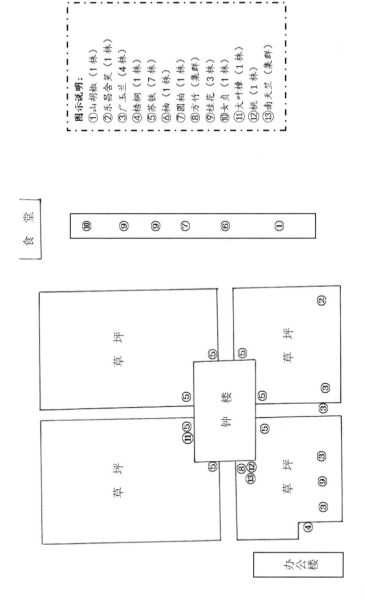

刘坤一家宅后花园植物分布平面图七（钟楼）

图示说明：
①山胡椒（1株）
②乐昌含笑（1株）
③广玉兰（4株）
④梧桐（1株）
⑤苏铁（7株）
⑥柚（1株）
⑦圆柏（1株）
⑧方竹（集群）
⑨桂花（3株）
⑩女贞（1株）
⑪大叶樟（1株）
⑫桃（1株）
⑬南天竺（集群）

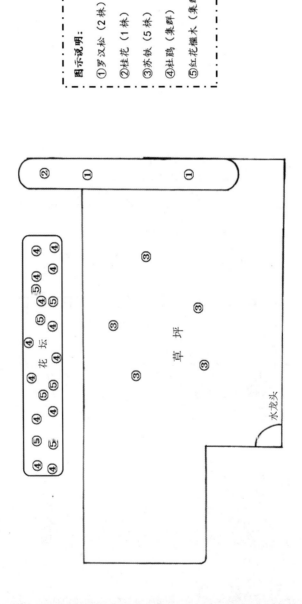

刘坤一家宅后花园植物分布平面图八 （办公楼后草坪）

图示说明：
①罗汉松（2株）
②桂花（1株）
③苏铁（5株）
④杜鹃（集群）
⑤红花檵木（集群）

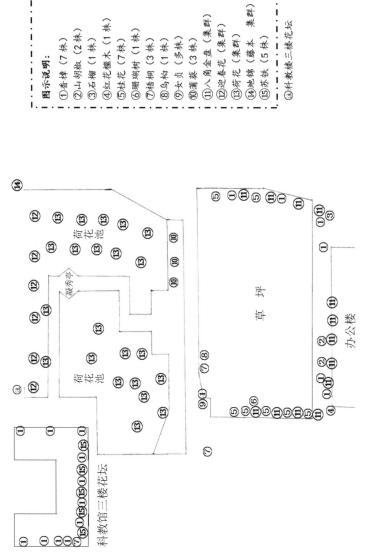

刘坤一家宅后花园植物分布平面图九（荷花池周围）

图示说明：

①香樟（7株）
②山胡椒（2株）
③石榴（1株）
④红花檵木（1株）
⑤桂花（7株）
⑥珊瑚树（1株）
⑦梧桐（3株）
⑧乌桕（1株）
⑨女贞（多株）
⑩蒲葵（3株）
⑪八角金盘（集群）
⑫迎春花（集群）
⑬荷花（集群）
⑭地梯（藤本　集群）
⑮苏铁（5株）

⑯科教楼三楼花坛

刘坤一家宅后花园植物分布平面图十（教学北楼前后）

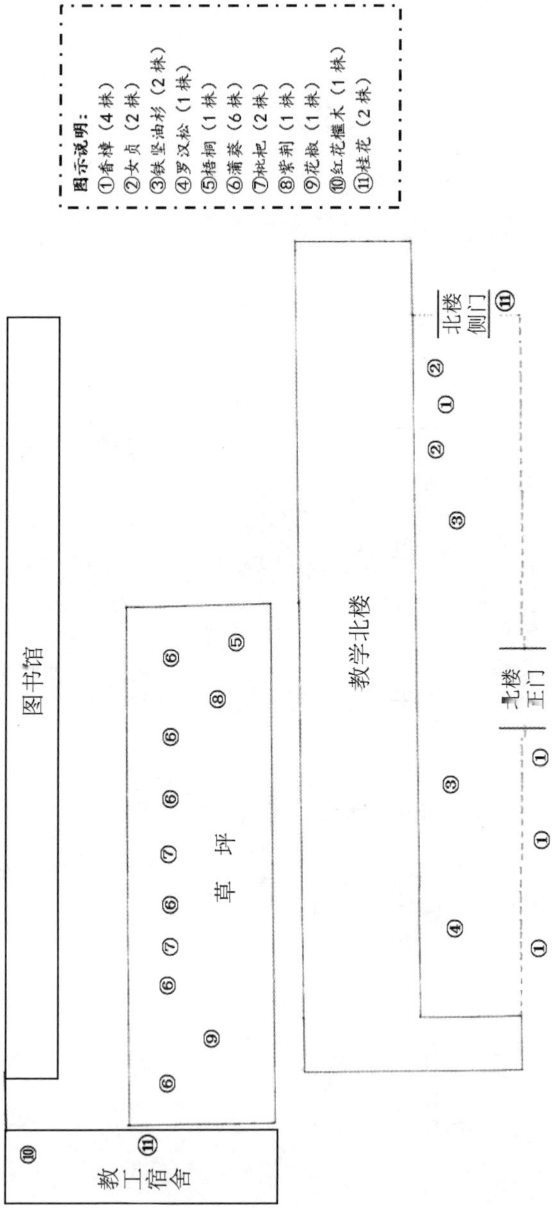

图示说明：

①香樟（4株）
②女贞（2株）
③铁坚油杉（2株）
④罗汉松（1株）
⑤梧桐（1株）
⑥蒲葵（6株）
⑦枇杷（2株）
⑧茉莉（1株）
⑨花椒（1株）
⑩红花檵木（1株）
⑪桂花（2株）

图书馆

草坪

⑥ ⑦ ⑥ ⑥ ⑥ ⑥
⑨
⑥
⑧
⑤

⑩ ⑪
教工宿舍

教学北楼

④ ③
① ① ①

③ ② ① ②
② ① ②
北楼侧门 ⑪

北楼正门

138

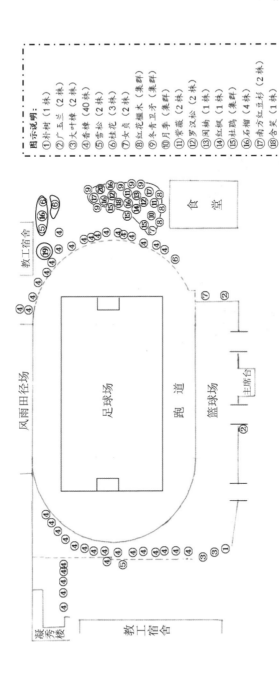

刘坤一家宅后花园植物分布平面图十一　（后操场周围）

图示说明：
①朴树（1株）
②广玉兰（2株）
③大叶樟（2株）
④香樟（40株）
⑤雪松（3株）
⑥桂花（2株）
⑦女贞（2株）
⑧红花檵木（集群）
⑨冬青卫矛（集群）
⑩月季（集群）
⑪紫薇（2株）
⑫罗汉松（2株）
⑬闽楠（1株）
⑭红鹃（1株）
⑮杜鹃（集群）
⑯石榴（4株）
⑰南方红豆杉（2株）
⑱含笑（1株）
⑲石楠（1株）
⑳玉兰（1株）

凝秀楼

教工宿舍

风雨田径场

足球场

跑　道

篮球场

主席台

教工宿舍

食　堂

后　记

刘坤一　清末两江总督兼
南洋通商大臣

这是一本关于晚清两广、两江总督兼南洋通商大臣刘坤一家宅后花园植物的著作，2021 年 9 月开始撰写，历时 2 年有余完成。在创作过程中，我在肖将兵老师的带领下对刘坤一家宅后花园的所有植物进行了详细调查。我们调查了濒危珍稀植物及常见植物共 83 种之多，对每一种植物的所属类别、形态特征、在花园中的分布位置、主要价值进行了描述；通过诗词鉴赏、趣说花草、格物致知等赋予这本书诗意之美、灵动之美、哲理之美；对花园植物的名称及分类进行汇总，并绘制了植物分布平面图，可以使读者对刘坤一家宅后花园植物的整体分布情况有更清晰的了解。在调查和撰写本书的过程中，我们主要做了如下工作：

一是实地调查：参观并认识刘坤一家宅后花园植物，熟悉植物分布，并做好记录，画出植物分布草图，详细地了解植物的种类、用途、分布、习性等。二是采集标本：将暂时不能确定的树木的叶片采集下来，压制成植物标本；三是采访咨询：将所做植物标本拿去请教享受国务院特殊津贴的老科学家、原林业局总工程师罗仲春，以确定植物的名称和特性，并请他到实地介绍各类植物的种植方法和管理植物的经验。四是查阅资料：上网查阅资料，获取各类植物的相关资料。五是制作标牌：打印资料，制成小卡片，每张卡片上标明树名、学名、科名、习性与特点等，将标牌固定在植物上。六是整理资料：对资料进行全面整理，从而撰写成书。

　　这次实践带给我太多的感受。走进花园，感受到鲜花的芬芳、草地的清香，阳光透过树叶的缝隙洒在身上，轻轻地拂过脸庞，带来一阵清爽的感觉。你可以在草地上躺下来，放松身心，享受大自然的美妙气息，你也可以在花园中散步，听着鸟儿的歌唱，感受着微风的拂动，忘却烦恼，心情舒畅。在此，我要感谢肖将兵老师的言传身教，同时感谢新宁县第一中学生物组阳敦章、何焱等老师无私的付出。这次实践丰富了我的专业知识，更让我感受到了学习和探究的乐趣，在学习中寻找快乐，在探究中获得新知。

　　植物为我们的生活环境添彩，我们应该重视和保护植物资源，增加对植物的了解和研究，加强植物保护意识的教育，共同建设美丽的环境，构建人与自然和谐的关系。

陈银莎

2023 年 11 月 18 日于新宁